Simone Fojut (Hrsg.)

D1997376

Call Center Excellence

Erfolgreiche Call Center im Porträt

Bibliografische Information Der Deutschen Bibliothek
Die Deutsche Bibliothek verzeichnet diese Publikation in der Deutschen Nationalbibliografie; detaillierte bibliografische Daten sind im Internet über <http://dnb.ddb.de> abrufbar.

1. Auflage Februar 2004

Alle Rechte vorbehalten
© Betriebswirtschaftlicher Verlag Dr. Th. Gabler/GWV Fachverlage GmbH, Wiesbaden 2004

Redaktion: Ferdi Akdag (fa), Ines Bothe-Fehl (ibf), Simone Fojut (sfo), Vera Hermes (vh), Alexander Jünger (aj)
Bildnachweis: Die in den verschiedenen Beiträgen verwendeten Fotografien wurden jeweils von den betreffenden Unternehmen zur Verfügung gestellt.
Stand (soweit nicht anders vermerkt): Oktober 2003
Lektorat: Barbara Jaster

Der Gabler Verlag ist ein Unternehmen von Springer Science+Business Media.
www.gabler.de

Das Werk einschließlich aller seiner Teile ist urheberrechtlich geschützt. Jede Verwertung außerhalb der engen Grenzen des Urheberrechtsgesetzes ist ohne Zustimmung des Verlags unzulässig und strafbar. Das gilt insbesondere für Vervielfältigungen, Übersetzungen, Mikroverfilmungen und die Einspeicherung und Verarbeitung in elektronischen Systemen.

Die Wiedergabe von Gebrauchsnamen, Handelsnamen, Warenbezeichnungen usw. in diesem Werk berechtigt auch ohne besondere Kennzeichnung nicht zu der Annahme, dass solche Namen im Sinne der Warenzeichen- und Markenschutz-Gesetzgebung als frei zu betrachten wären und daher von jedermann benutzt werden dürften.

Umschlaggestaltung: Nina Faber de.sign, Wiesbaden
Satz und Layout: **dtp**service Lars Decker, Vechelde
Druck und buchbinderische Verarbeitung: Wilhelm & Adam, Heusenstamm
Gedruckt auf säurefreiem und chlorfrei gebleichtem Papier
Printed in Germany

ISBN 3-409-12549-3

Inhaltsverzeichnis

Zur Einführung

Wir werden immer wieder gefragt: Was macht ein gutes Call Center überhaupt aus? Eine Frage, die sich auf den ersten Blick nicht standardmäßig beantworten lässt. Und dennoch gibt es entscheidende und identifizierbare Erfolgsfaktoren – viele Call Center haben uns in den letzten Jahren ja eindrucksvoll bewiesen, wie man erfolgreich arbeiten kann.

Dazu gehören sicherlich die Gewinner und Nominierten des Call-Center-Preises CAt-Award. Sie haben gezeigt, wie man innovative Ideen Gewinn bringend umsetzen und anspruchsvolle Projekte zum Erfolg führen kann. Warum also nicht genau diese Call Center einmal ausführlich porträtieren? Die Idee zu „Call Center Excellence" war damit geboren. Im vorliegenden Buch finden Sie die oben erwähnten Erfolgsbeispiele der Jahre 2002 und 2003 aus Deutschland, Österreich und der Schweiz. Außerdem stellen wir die drei erstplatzierten Telemarketing-Agenturen aus dem CallCenter-Profi-Ranking 2003 im Interview vor.

Wir hoffen, dass Sie als Leser aus der Fülle der Beispiele jede Menge Ideen, Anregungen und Tipps für Ihre eigene Praxis schöpfen können, und wünschen Ihnen viel Spaß bei der Lektüre dieses Buches.

Ihre
Simone Fojut
Chefredakteurin Call Center Profi

Seit zehn Jahren bietet Management Circle Weiterbildungsveranstaltungen für Fach- und Führungskräfte aus Call Centern an. Auf diesen Veranstaltungen haben wir Teilnehmer und Referenten getroffen, die in ihrem Beruf Außergewöhnliches geleistet haben: als Mensch, für ihr Team und letztendlich für ihr Unternehmen.

Dies brachte uns auf die Idee, diese Menschen mit ihren Erfolgskonzepten einem großen Publikum vorzustellen und ihre Leistung mit einem Preis zu würdigen. Die Idee des CAt-Awards – der Auszeichnung zum Call Center Manager des Jahres – war somit geboren. Die Verleihung, an der Bewerber aus der Schweiz, Österreich und Deutschland teilnahmen, findet jährlich auf der internationalen Kongressmesse CallCenterWorld in Berlin statt.

Ich wünsche Ihnen, lieber Leser, dass die in diesem Buch vorgestellten Erfolgsgeschichten Sie motivieren und Sie als Quelle der Inspiration auf Ihrem beruflichen Weg begleiten werden.

Ihre
Sigrid Bauschert

Vorstand
Management Circle AG

Teil II

Erfolgreiche Inhouse Call Center im Porträt

Call Duisburg

Duisburg is calling

Effiziente Arbeitsabläufe von Verwaltungen und die Erweiterung der Dienstleistungen der öffentlichen Hand sind bei den Bürgern eng mit den Begriffen „innovative und moderne Verwaltung“ verknüpft. Als Kunden der Stadt fordern sie einen vergleichbaren Service, den sie bereits aus der Privatwirtschaft kennen und schätzen gelernt haben. Immer wichtiger wird dabei die schnelle Erreichbarkeit, aber auch hohe Beratungskompetenz.

Die Auswertung einer von der Stadt Duisburg im April 2001 durchgeführten Verkehrsmessung ergab, dass fast 60 Prozent der telefonischen Bürgeranfragen ihr tatsächliches Ziel nie erreichten. Dass solche Werte für Großstadtverwaltungen durchaus symptomatisch sind, belegen auch Vergleiche mit anderen Städten. Eine hohe Erreichbarkeit ist jedoch ein wichtiger Baustein für eine Verbesserung des Service öffentlicher Verwaltungen. Ein wegweisendes Projekt, das genau an diesem Punkt ansetzt, wurde von Call Duisburg, dem Call Center der Stadtverwaltung unter Norbert Brandstädter, initiiert.

Norbert Brandstädter, Leiter des Projekts Call Duisburg: „Schnelle Hilfe und guter Service bei der Lösung aktueller Probleme haben bei uns Vorrang.“

► Inhouse Call Center ist nicht gleich Inhouse Call Center

Mit der Errichtung eines Call Centers verfolgte die Stadt Duisburg im Wesentlichen folgende Ziele:

- Sofortige Erreichbarkeit für die Bürger
- Vermeidung des serviceunfreundlichen Weitervermittelns
- Bündeln aller Informationen zu häufig nachgefragten Produkten und Dienstleistungen der Verwaltung in einer komplexen Wissensdatenbank
- Entlastung der innerbetrieblichen Verwaltungseinrichtungen von standardisierten telefonischen Anfragen
- Konsolidierungseffekte zur Entlastung des Haushaltes.

Das Call Center einer Verwaltung ist jedoch nicht unmittelbar mit dem Inhouse Call Center eines privatwirtschaftlichen Unternehmens vergleichbar. Denn dem in der Regel überschaubaren Leistungsangebot eines produzierenden Unternehmens steht hier ein na-

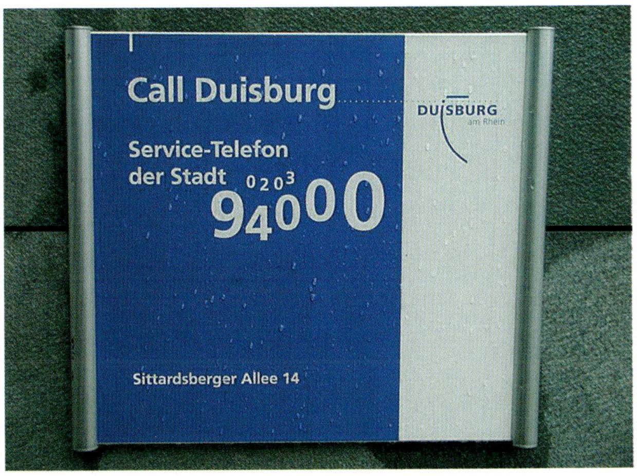

Die Stadt Duisburg hat als erste deutsche Großstadtverwaltung ein Call Center für Kundenkontakte eingerichtet.

Über eine selbstlernende Wissensdatenbank haben die Agents Zugriff auf das geballte Wissen der Verwaltung.

hezu endloses Dienstleistungsspektrum gegenüber, das sich häufig über verschiedene Kompetenzbereiche erstreckt. So findet man im Projektbuch der Stadt Duisburg insgesamt 2.500 verschiedene Dienstleistungen, die teilweise höchst komplex und äußerst differenziert sind. Für all diese Angelegenheiten galt es im Call Center die erforderlichen Informationen vorzuhalten.

► In nur sieben Monaten von Null auf Hundert

Die Idee für die Einrichtung eines kommunalen Call Centers entstand im Frühjahr 2001. Diesbezügliche Erfahrungen lagen bei anderen Städten noch nicht vor, tatsächlich waren andere Kommunen seit Jahren erfolglos mit dem Aufbau eines eigenen Call Centers beschäftigt.

Ende März 2001 erhielt Norbert Brandstädter als verantwortlicher Projektleiter den Auftrag für die Realisierung des Call Duisburg Projekts. Als Termin für die Fertigstellung des Call Centers wurde der 1. Oktober 2001 festgeschrieben. Um dieses ehrgeizige Ziel zu erreichen, mussten die Meilensteine entsprechend eng gesteckt und die Einhaltung akribisch genau eingehalten werden. Nach insgesamt nur siebenmonatiger Vorbereitungszeit konnte Duisburg als erste deutsche Stadtverwaltung ein eigenes Call Center in Betrieb nehmen.

Die Call-Center-Agents beantworten heute alle eingehenden Anrufe so weit- und tiefgehend wie möglich. Hier hilft eine mit allen relevanten Informationen ausgestattete Wissensdatenbank, die die Agents sicher und schnell durch die verschiedenen Themenbereiche führt. Die Wissensdatenbank basiert im Wesentlichen auf zwei wichtigen Säulen. Grundlage für alle Informationen zu den Dienstleistungen der Stadt sind die von den Ämtern und Instituten erstellten Internetseiten. Rechtzeitig vor Inbetriebnahme des Call Centers wurden die einzelnen Ämter gebeten, alle Informationen zu ihren Produkten und Dienstleistungen nach einem einheitlichen Schema zu erfassen. Damit wird gewährleistet, dass die Datenpflege auch künftig dezentral erfolgt. Parallel dazu wurde ein speziell auf die Bedürfnisse von Call Duisburg abgestimmtes Reporting System beschafft, mit dem sämtliche Fragen zu den einzelnen Produkten erfasst werden.

Anrufe, die nicht sofort mit der Wissensdatenbank bearbeitet werden können, werden heute nicht mehr quer durch die Stadtverwaltung weiter vermittelt. In diesen Fällen recherchiert Call Duisburg die benötigten Informationen und ruft die Bürger dann zu einem definierten Zeitraum zurück. Anschließend wird die neue Fragestellung in das Reporting System eingepflegt, sodass die Wissensdatenbank stetig wächst. Mit Hilfe dieses selbstlernenden Datenbanksystems wird sichergestellt, dass heute etwa 80 Prozent der eingehenden Anrufe durch Call Duisburg fallabschließend beantwortet werden können.

Gleichzeitig wurden die Ämter und Institute der Stadt Duisburg in erheblichem Maße von regelmäßigen telefonischen Anfragen entlastet. Wesentliche Effizienzsteigerungen ergaben sich auch bei den Workflows. Beispielsweise führt heute die Mitteilung eines Bürgers über eine Gefahrenstelle dazu, dass diese in weniger als zwei Stunden beseitigt ist. Die Liste der Optimierungen ließe sich nach Norbert Brandstädters Worten noch beliebig fortsetzen.

▶ Mehrfach ausgezeichnet und trotzdem nicht müde

Die verschiedenen Ämter und Institute der Stadt haben frühzeitig die Entlastungen durch Call Duisburg im innerbetrieblichen Bereich erkannt, sodass sich sehr bald eine hohe Akzeptanz einstellte. Neben der Bearbeitung regelmäßig anfallender Anfragen werden im Call Center auch Beratungen für besondere Aktionen angeboten. Dazu gehören unter anderem ein Beratungstelefon im Sozialbereich, Festival-Hotlines oder die Übernahme von Outbound-Gesprächen bei Bürgerumfragen.

Eine im Juni 2002 durchgeführte Kundenumfrage führte zu dem Ergebnis, dass Call Duisburg auch von den Bürgerinnen und Bürgern der Stadt äußerst positiv bewertet wird. Über 90 Prozent der Befragten äußerten sich zu den Fragestellungen Schnelligkeit, Kompetenz, Beratungsqualität und Freundlichkeit sehr zufrieden.

Call Duisburg hat darüber hinaus auch bei den Städten in Deutschland und im benachbarten Ausland große Beachtung gefunden. Seit der Eröffnung vor einem Jahr forderten etwa 500 Städte den von Call Duisburg herausgegebenen Projektbericht an, und rund 90 Delegationen anderer deutscher Großstadtverwaltungen besichtigten seitdem das Call Center vor Ort. Bei zahlreichen überörtlichen Veranstaltungen und Kongressen sowie von Kommunalwissenschaftlern wird Call Duisburg inzwischen als „Best Practice“ im kommunalen Bereich beschrieben. Erste Früchte ihrer Arbeit erntete die Stadt Duisburg im Jahr 2002, als Call Duisburg im Rahmen des international anerkannten Speyerer Qualitätswettbewerbs der Deutschen Hochschule für Verwaltungswissenschaften (in Zusammenarbeit mit der Bertelsmann Stiftung) als „herausragendste Stadtverwaltung im Bereich Bürgerorientierung“ mit dem ersten Platz ausgezeichnet wurde.

Für die Zukunft strebt Call Duisburg an, Dienstleistungen auch für andere Behörden zu übernehmen. Seit April 2002 werden von Call Duisburg mehrere Aufträge im Inbound- und Outbound-Bereich für das Arbeitsamt Duisburg durchgeführt. Eine Weiterentwicklung zum Kompetenz Center durch die Bearbeitung aller E-Mail-Kontakte der Stadt sowie eine stärkere Einbindung in verschiedene internetbasierte Anwendungen sind als Folgeobjekte vorgesehen. (AJ)

(Artikel aus CallCenterProfi 2/2003)

Call Duisburg

Bereits sieben Monate nach dem Projektauftrag konnte die Stadt Duisburg ihr Call Center in Betrieb nehmen.

Hier der Projektverlauf im Überblick:

- 9. Februar 2001:
  Vorstellung des Projektes
- 22. Februar 2001:
  Projektauftrag
- bis 15. April 2001:
  Ist-Analyse
- bis 15. Mai 2001:
  Konzept & Stellenbemessung
- 15. Juni 2001:
  Interne Stellenausschreibung
- 25. Juni 2001:
  Beschluss des Stadtrates
- 1. September 2001:
  Abschluss der Baumaßnahmen
- 30. August 2001:
  Beginn der Schulungen
- 1. Oktober 2001:
  Eröffnungsveranstaltung

Wir sprechen die Sprache Ihrer Kunden.

Communication Services

Optimieren Sie Ihren Kundenservice und steigern Sie gleichzeitig die Wirtschaftlichkeit Ihres Unternehmens mit Bosch Communication Services. Wir realisieren für Sie im Outsourcing Ihr Customer Relationship Management auf allen Kommunikationskanälen in allen wichtigen europäischen Sprachen. Von der Strategie bis zur Umsetzung: Vertrauen Sie den Erfolg Ihrer Kundenkommunikation einem Partner an, dessen Name weltweit für Qualität und Zuverlässigkeit steht.

Communication you can rely on.

www.bosch-call-center.de
oder 0800 7000444

Sponsor des CAt – der Award der CallCenterWorld® 2004

BOSCH

Datev

Zufriedene Mitarbeiter erzeugen zufriedene Kunden

Motiviertere Mitarbeiter, verbesserter Service, zufriedenere Kunden – all diese Erfolge konnte das Service-Center des Nürnberger IT-Dienstleisters Datev melden, nachdem es ein umfangreiches Führungskräfte- und Mitarbeiterprogramm aufgesetzt hatte. Das Beispiel Datev belegt eindrucksvoll die alte Wahrheit, dass der Erfolg eines Communication Centers entscheidend von der Motivation, der Zufriedenheit und dem Engagement der Mitarbeiter abhängt.

Im Sommer 1999 übernahm Eckhard Schwarzer als Leiter Service & Logistik die Verantwortung für rund 800 Mitarbeiter und 65 Führungskräfte im Service-Center der Datev. Der Service der auf steuerlich-betriebswirtschaftliche Anwendungen für Steuerberater, Rechtsanwälte, Wirtschaftsprüfer und Buchprüfer spezialisierten Genossenschaft war zu diesem Zeitpunkt zwar hoch professionell und bestens organisiert, es gab aber dennoch unschöne Defizite in der Führung und Motivation der Mitarbeiter. Das hatte eine turnusgemäß durchgeführte Mitarbeiterbefragung im Jahr 1998 deutlich zutage gefördert.

Eckhard Schwarzer misst der kontinuierlichen Mitarbeitermotivation und der Führungskräfteentwicklung im Service-Center der Datev einen hohen Stellenwert bei.

Von mangelnder Auslastung oder zu wenig anspruchsvollen Aufgaben konnten diese Defizite nicht herrühren – allein im Jahr 2000 wurden 1,4 Millionen telefonische und 660.000 schriftliche Anfragen zum Produkt- und Dienstleistungsspektrum von den Datev-Service-Mitarbeitern beantwortet. 70.000 Dokumente forderten die Kunden per Fax ab, 6.000 Dokumente wurden in die Wissensdatenbank eingestellt, auf die die Kunden insgesamt rund 250.000 Mal zugriffen.

► Neue Leitsätze: „Wir sind selbstbewusst“

Eckhard Schwarzers oberstes Ziel war es also, die Mitarbeiterzufriedenheit und Motivation nachhaltig zu verbessern. Außerdem im Fokus: die Steigerung von Kundenzufriedenheit und Effizienz. Um diese Ziele zu erreichen, initiierte Schwarzer zwei Projekte, einmal das MAP, das Management- Entwicklungs-Projekt, und zum zweiten das Projekt „Verbes-

Von Experte zu Experte: Rund 7.000 Anrufe gehen täglich beim Anwenderservice der Datev ein.

serungspotenziale im Service entdecken und nutzen". Mit diesen beiden Programmen waren sowohl die Führungskräfte als auch die Mitarbeiter in das Projekt eingebunden.

Innerhalb des MAP wurden die Führungskräfte aller Hierarchieebenen im Datev-Service-Center geschult. In der ersten Phase standen die Themen Führung, Motivation, Kooperation und Teamarbeit auf dem Lehrplan. Im Folgejahr erarbeiteten die Führungskräfte konkrete Konzepte. Dazu zählen eine Vision für das Service-Center sowie Maßnahmen zur Verbesserung des Images und der bereichsübergreifenden Zusammenarbeit, aber auch Spielregeln für Führungskräfte, Methoden zur Zielvereinbarung und ein neues Mitarbeiterförderungskonzept.

Die Vision enthält eine Reihe von Service-Leitsätzen, die sowohl die eigenen Stärken als auch das Selbstverständnis des Service-Centers zum Ausdruck bringen. Dort heißt es zum Beispiel: „Wir sind selbstbewusst. Wir stehen für Qualität. Wir begeistern. Wir machen Image." Oder auch „Wir haben Ziele. Wir sind gut, können noch besser werden. Wir sind begehrt."

Datev setzte bei dem Procedere auf Transparenz. Zielsetzung, Ablauf und Ergebnisse der MAP-Arbeitskreise wurden im Datev-Intranet allen Mitarbeitern zur Verfügung gestellt. Generell nimmt der Austausch untereinander bei diesem Konzept einen hohen Stellenwert ein. So tauschte sich zum Beispiel regelmäßig jeder Teamleiter im Rahmen eines eigens etablierten Coaching- und Patenkonzepts mit einem Teamleiterkollegen über aktuelle Fragen des Personalmanagements aus.

► Unkonventionelle Maßnahmen eröffnen neue Perspektiven

Unkonventionell ist der Tausch von Teamleitern. Die Führungskräfte tauschten einfach in fremde Abteilungen. Das bedingt im Vorfeld, dass die fachlichen Aufgaben tatsächlich an die entsprechenden Mitarbeiter delegiert werden mussten. Die Teamleiter konnten sich derweil genau auf das konzentrieren, was nun einmal ihre Aufgabe ist, nämlich führen. Diese Führungskräfterochaden wurden von einem Aufbau von Fachberatern innerhalb der Abteilungen flankiert, die ihrerseits dafür sorgten, dass die Teamleiter von fachlichen Aufgaben entlastet waren.

Individuelle Trainings- und Weiterbildungspläne gehörten ebenso zum MAP wie Pflichtschulungen für alle. In einer gemeinsamen Veranstaltung für alle Führungskräfte werden alljährlich die kommenden Aktionen besprochen, schließlich ist Mitarbeiterführung und -motivation keine einmal abgeschlossene Sache, sondern muss kontinuierlich betrieben werden.

▶ Änderungen müssen beim Mitarbeiter „ankommen"

Wichtig ist natürlich auch, dass die Änderungen auch bei den Mitarbeitern „ankommen" und sich im Alltag tatsächlich positiv auswirken. Dafür hat Eckhard Schwarzer zum Beispiel die so genannten „Monte-Carlo-Meetings" abgehalten. Dahinter verbergen sich Besprechungen mit zufällig ausgewählten Mitarbeitern aus verschiedenen Abteilungen des Service-Centers. Dort konnten die Mitarbeiter ihre Probleme loswerden. Eckhard Schwarzer erhielt dank der Monte-Carlo-Meetings ein unmittelbares Bild von der aktuellen Stimmung und der Resonanz auf die Motivationsprogramme. Darüber hinaus fanden regelmäßige Teamfindungsworkshops statt, die den Zusammenhalt untereinander stärken und eventuelle Probleme klären sollten.

Resonanz im besten Sinne erfuhr auch das 1999 gestartete Projekt „Verbesserungspotenziale im Service entdecken und nutzen". Innerhalb von zwei Jahren reichten etwa 480 Mitarbeiter insgesamt knapp 4.000 Anregungen und Verbesserungsvorschläge ein – ein riesiges Potenzial! Alle Vorschläge sind in der

Die rund 500 Datev-Mitarbeiter im Service-Bereich nutzen die Erfahrungen aus den Kundengesprächen zur Verbesserung und Erweiterung des Datev-Produktangebots.

Datev-Datenbank dokumentiert und wurden und werden weiterverfolgt. Außerdem wurden auch für die Mitarbeiter Schulungen, zum Beispiel zu den Themen Motivation oder Gesprächsführung am Telefon, angeboten.

▶ Der Erfolg gibt Datev Recht

Die mit Spannung erwarteten Ergebnisse der Turnus-Umfrage zur Mitarbeiterzufriedenheit bestätigten die Maßnahmen in vollem Umfang. Die Werte für das Service-Center waren 2001 allesamt deutlich besser als bei der vorherigen Umfrage im Jahr 1999. In manchen Punkten nimmt das Service-Center inzwischen im Vergleich zu anderen Datev-Abteilungen einen „Zufriedenheits-Spitzenplatz" ein. So schnitt das Service-Center bei der Zufriedenheit mit den Führungskräften, mit den Kollegen, mit Tätigkeit und Arbeitsplatz, mit dem Informationsfluss in der Datev oder mit Zusammenarbeit und Entwicklungsmöglichkeiten am besten ab. Der Prozentsatz der Mitarbeiter, die ihre Gesamtzufriedenheit nach dem Schulnotensystem mit sehr gut oder gut bewerteten, stieg von 34 Prozent auf 49 Prozent. ... ein Ergebnis, das seinerseits das Management von Datev motiviert haben dürfte.
Dass ein kausaler Zusammenhang zwischen Mitarbeiterzufriedenheit und Service-Level besteht, ist wohl unbestritten. Bei Datev hat sich dieser Zusammenhang auch ganz konkret in Zahlen und Fakten niedergeschlagen. Die durchschnittliche telefonische Erreichbarkeit wurde von 1999 auf 2001 deutlich verbessert, die Serviceeffizienz hat sich wie gewünscht erhöht – und damit stieg auch die Kundenzufriedenheit. Das Beispiel Datev zeigt, wie wichtig und Gewinn bringend eine kontinuierlichen Mitarbeitermotivation und Führungskräfteentwicklung ist. (vh)

Arbeitsplatz Call Center

Motivierend, leistungsfördernd und wirtschaftlich geplant

Vorbei die Zeiten, in denen Büroräumen etwas Statisches anhaftet. Gilt doch besonders die Organisationsform Call Center als marktorientierte Ideenwerkstatt und kundenbindende Dienstleistungszentrale. Flache Hierarchien, die konsequente Orientierung am Marktgeschehen und die sich stetig verändernden IT- und TK-Techniken sind nur einige Beispiele. Wie aber gestaltet man die Büroraumform Call Center mitarbeiterfreundlich und gleichzeitig wirtschaftlich effizient?
Antworten, die der Call Center Profi-HCD gibt. Bereits vor Jahren erkannte das Beratungs- und Planungsteam, dass aufgrund der spezifischen Anforderungen von Call Centern eigene Gestaltungskriterien etabliert werden müssen und verbindet seither Erfahrungen aus dem Call Center Management mit anspruchsvoller Innenarchitektur. Alle realisierten Lösungen bestechen durch ganzheitliche Funktionalität und Ästhetik. Dazu gehören ein wirtschaftliches Flächenmanagement, individuelle Arbeitsplatzgestaltung und das richtige Zusammenspiel von Akustik, Klima, Beleuchtung sowie Farb- und Materialgebung. Viele Unternehmen wissen um die praxisorientierten und leistungsfördernden Arbeitsplätze als Erfolgsfaktor. So betreut das HCD-Team namhafte Kunden wie AOL, Siemens und die Deutsche Post AG.

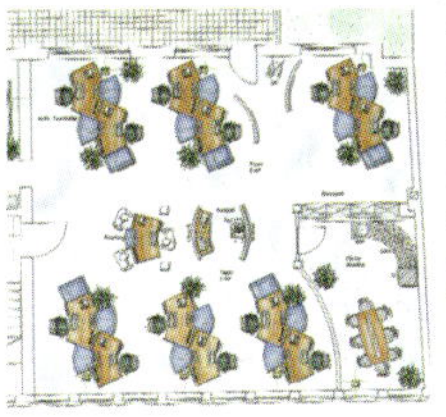

Erfolgskonzept Mensch: *Im Mittelpunkt der HCD Philosaophie steht der Mensch mit seinen physischen und mentalen Bedürfnissen.*

HCD
Human CallCenter Design
Planungsgesellschaft mbH
Coerdestraße 9
48147 Münster
Fon 0251/41414-0
Fax 0251/41414-44
info@hcd-gmbh.de
www.hcd-gmbh.de

Dunlop

Ein Reifenhersteller gibt Gummi rund um den Kundenservice!

Mehr als 30.000 Reifen rollen täglich aus den Dunlop- und Pneumant-Werken. Über 4.600 Mitarbeiter entwickeln, produzieren und verkaufen Reifen für Motorfahrzeuge unterschiedlichster Art. Dunlop vertreibt seine Reifen bundesweit an den Reifenhandel. Neben Technik, Qualität und Preis sind vor allem Service und Beratung wichtige Entscheidungskriterien in dem sehr wettbewerbsintensiven Markt. Kein Wunder also, dass dem Communication Center innerhalb des Dunlop-Kundenservice ein hoher Stellenwert zugemessen wird.

Noch bis 1997 war die heutige Abteilung „Customer Service“ bei Dunlop als reiner Telefonverkauf in sieben nicht miteinander vernetzten Verkaufsabteilungen organisiert. Es gab weder ein Routing noch eine Überlaufregelung, was lange Wartezeiten und hohe Telefonkosten für die Kunden zur Folge hatte.

Auch die internen Bedingungen waren verbesserungswürdig, denn es fehlten zum Beispiel systematische Mitarbeiterschulungen oder auch eine konkrete Motivations- und Führungsstrategie mit Zielvereinbarungen und Prämiensystem. Es gab also eine Menge zu tun.

Norbert Hecking und sein Team gestalteten den dezentral organisierten Telefonverkauf bei Dunlop in ein zentrales, multifunktionales und vernetztes Communication Center um.

▶ Umstrukturierung: Abstimmung und Transparenz sind Pflicht

Im Jahr 1997 starteten der Manager Customer Service, Norbert Hecking, und sein Team mit der Umgestaltung des dezentral organisierten Telefonverkauf in ein zentrales, multifunktionales und vernetztes Communication Center.

Die Ziele waren:

- die Erreichbarkeit der Dunlop-Vertriebsmitarbeiter für Reifenhändler zu erhöhen,
- die Auftragsannahme und -bearbeitung effizienter zu gestalten,
- die Kundenzufriedenheit zu steigern,

Fazit zwei: Das Modell des Integrierten Call Management ist so erfolgreich, dass es nach dem Merger vom neuen Unternehmen HP übernommen wurde. Es zeigt überzeugend, dass sich Qualität, Kundenzufriedenheit und Kostenoptimierung keineswegs ausschließen. Und das dürfte Hewlett-Packard und seine Kunden gleichermaßen freuen ... (vh)

DIE CALLCENTERWORLD: EIN GUTER GRUND BERLIN ZU BESUCHEN.

Die adm:
ein guter Grund Berlin noch öfter zu besuchen.

Keine Lust auf Taxifahren? Wir bieten Ihnen während der CCW einen Shuttleservice direkt zu uns!

Voltastraße 5 · D-13355 Berlin
Fon: +49 (0) 30-80 96 90
Fax: +49 (0) 30-80 96 96 66
www.callcenterkompetenz.de

adm®
die call center kompetenz

One Connect Austria

One2Ask: Wissen ist Macht!

Der Wiener Telekommunikationsprovider One Connect bietet Mobilfunk-, Festnetz- und Internetdienste für den österreichischen Markt. Wer wie One Connect mit Kommunikation Geld verdient, steht in puncto moderner Kundenservice besonders auf dem Prüfstand und hat meist anspruchsvolle und technikaffine Kunden. Und die wollen heutzutage über alle Medien hinweg prompt und zuverlässig informiert werden!

Und: Die Kunden möchten immer gleich gut informiert werden – egal ob am Telefon, per E-Mail, im Internet oder in einem Verkaufsgespräch im Handel. Das setzt voraus, dass alle Mitarbeiter mit Kundenkontakt über die gleichen Informationen verfügen. Das war bei One Connect bis zur Einführung eines intelligenten und hoch funktionalen Knowledge-Management-Tools nicht so.

Stattdessen waren die Informations- und Kommunikationswege uneinheitlich. Jede Abteilung musste sich selbst die für sie relevanten Informationen beschaffen – was in der Konsequenz dazu führte, dass nicht alle auf dem gleichen Wissenstand waren. Wichtige Informationen waren nicht zentral, sondern an vielen verschiedenen Stellen zu finden. Außerdem hatte das Wiener Unternehmen kein Reporting – es gab also zum Beispiel keine Erkenntnisse darüber, welche Fragen im First Level beantwortet werden oder welche Kunden sich wann für welche Produkte interessiert haben. Das dritte Manko war der fehlende Self-Service via Web. Mit all diesen Missständen räumte One Connect gründlich auf und etablierte unter der Federführung von Patrick Bayer, Head of Customer Contact Center, ein umfangreiches Knowledge Management.

Unter Federführung von Patrick Bayer etablierte One Connect ein umfangreiches Knowledge Management.

▶ Schnelle Information spart Zeit und Geld

Durch den Aufbau eines Wissensmanagements, eingebunden in einen strukturierten Informations- und Kommunikationsfluss, sollte die richtige Information zum richtigen Zeitpunkt über den richtigen Kanal an den richtigen Adressat gelangen. Davon profitieren Kunden wie Mitarbeiter gleichermaßen. Voraussetzung ist allerdings, dass die Agents das neue System auch tatsächlich annehmen und verstehen. Das war bei One Connect kein Problem: Rund 400 Mitarbeiter nahmen an den Informationsveranstaltungen und Trainings zum neuen Wissensmanagement teil. In einem internen Wettbewerb konnte jeder Mitarbeiter Namensvorschläge für das neue System einbringen. Der Siegername wurde durch eine Wahl im Intranet ermittelt – nun hat das Tool den klingenden Namen „One2ask".

gerade die sonst so komplizierten Busverbindungen mit mehrmaligem Umsteigen schneller und effizienter gelöst werden. Folge waren kürzere Beantwortungszeiten und eine Steigerung des angestrebten Servicelevels von 80:20. Zu Beginn fehlte es sogar an einem typischen Warteschleifenmanagement. Selbst die Musik für die Warteschlange musste erst eingeführt werden.

▶ Internes Marketing zur Imagebildung

Das interne Image des Call Centers und dessen Anerkennung fehlten gänzlich. Die Vorurteile waren klassisch wie „im Call Center hebt keiner ab" und „was machen die im Call Center überhaupt". Aussagen gegen die am Anfang nur sehr schwer anzukommen war. Es musste Überzeugungsarbeit geleistet werden durch sehr viele Gespräche und Einladungen zur Besichtigung des Call Centers. So konnte das Image entscheidend verbessert werden. Und auch die Akzeptanz nahm intern zu. Nachdem die Auskunft zunächst dem Bereich „Verkehr" zugeordnet war, gehört das Call Center heute zur Marketingabteilung. Ein wichtiger Schritt in diese Richtung war auch die neu geschaffene Kolumne in der Mitarbeiterzeitschrift „Scheinwerfer" der Postbus AG. Diese Zeitung erscheint sechs Mal im Jahr. Die Kolumne beschreibt die Arbeit des Call Centers, erzählt aber auch nette Anekdoten mit Kunden.

So wollen die Kunden wissen, wie viel Hubraum ein Postbus hat, wie hoch eine bestimmte Brücke ist, oder Kunden vergessen ihre Sachen im Bus und bitten im Wiener Call Center um Hilfe. Auch Routenplanungen aus dem fernen Australien werden beantwortet. Da wundert es nicht, dass in den Stellenanzeigen des Call Centers als Eigenschaft auch Humor gesucht wird.

▶ Gute Ortskenntnis der Mitarbeiter

Dass Auskunftsdienste im Call Center nicht unbedingt eine einfache Aufgabe sein müssen, zeigt auch, dass ein Agent des Postbus Call Centers in der Regel fünf Monate benötigt, um wirklich fit im Umgang mit Kunden zu werden. Nicht nur die einfache Weitergabe von

Post.Bus

SCHEINWERFER

DER POST.BUS IM RAMPENLICHT

Gute Aussichten im Straßenverkehr

» H&M fährt Postbus

EINSTIEG

INHALT

Die „Mitarbeiterzeitschrift „Scheinwerfer" der Postbus AG beschreibt in einer Kolumne die Arbeit des Call Centers, erzählt aber auch nette Anekdoten über die Kunden.

Abfahrtszeiten gehört zu den Aufgaben der Mitarbeiter, vielmehr muss auch eine genaue Ortskenntnis vorhanden sein. Denn der Kunde kennt oft nur den Straßennamen, aber häufig tragen die Haltestellen eine ganz andere Bezeichnung. Vor allem da das Call Center ja für gesamt Österreich tätig ist. Da auch viele Informationen auf den ersten Blick nichts mit dem Beauskunften zu tun haben, war es sehr wichtig, eine einheitliche Struktur in der Informationsweitergabe zu schaffen. Denn einheitliche Richtlinien gab es zunächst nicht. Die Betreuung des Kunden war anfangs sehr unterschiedlich.

▶ Dienstleister über die Grenzen Wiens hinaus

Diese große Ortskenntnis über ganz Österreich haben sich auch immer mehr regionale Auskunftsstellen zu Nutze gemacht. Die Serviceleistung hat sich im Unternehmen Postbus herumgesprochen. Heute leiten über sieben regionale Postbusstellen ihre Auskunftsnummern direkt auf das Call Center in Wien. Die Wandel von der reinen Telefonauskunft zu einem echten Service Center ist bereits vollzogen. So werden auch immer mehr E-Mails in Wien beantwortet. Ergebnis der Umstrukturierung ist heute ein hohe Kundenzufriedenheit. Doch die Kunden sind nicht nur zufrieden, sondern haben sich zu echten Stammkunden entwickelt. Das Ziel der Kundenbindung wurde erfolgreich realisiert. (sfo)

(Artikel aus CallCenterProfi 4/2003)

Günstig und ganzheitlich!

Kunden fordern immer komplexere Leistungen bei steigendem Anspruch an Qualität und anhaltender Preissensibilität. Immer häufiger zählt nicht mehr nur das Was, sondern auch das Wie!

Qualität und Preis in marktfähigem Gleichgewicht zu halten, zwingt Unternehmen aller Branchen in die Zukunft vorauszudenken und Bestehendes unter Optimierungsbereitschaft immer wieder neu in Frage zu stellen. Dabei ist es wichtig, sich jederzeit seiner eigenen Erfolgsfaktoren gewahr zu sein, denn wenn Produkte sich immer ähnlicher werden, entscheiden Service und vertriebliches Engagement über Kundengewinnung, Kundenbindung oder Kundenverlust. Nach dem Motto "Lass es andere tun wie du es selbst getan hättest – nur günstiger" verhelfen hier moderne Communication Center als erfahrene, auf Effizienz und Service ausgerichtete Dienstleister oder als Inhouse-Einheiten Unternehmen aller Sektoren zum Erfolg.

Doch für Erfolg auf Dauer gilt auch hier: "Gut ist nicht gut, wo Besseres erwartet wird." Thomas Fuller

Partner für Service und Consulting: Ein guter Name verpflichtet!

Als 100%ige Tochtergesellschaft der Dresdner Bank AG konzentriert sich die DDS Dresdner Direktservice GmbH auf maßgeschneiderte Services, die Unternehmen darin unterstützen, Kunden optimal zu binden, die Profitabilität einzelner Kundengruppen zu erhöhen oder neue Kunden zu gewinnen. Zum Leistungsspektrum zählen fachliche Produkt-Hotlines, Brokerage-Services und technische Support-Hotlines ebenso wie die Begleitung von Internet-Portalen oder der bedarfsorientierte Direktvertrieb anspruchsvoller Produkte. Auch der professionelle Betrieb von Telefonzentralen als Visitenkarte eines jeden Unternehmens zählt zur Kompetenz des DDS. In allen Services garantieren qualifizierte Mitarbeiter, modernste Technik sowie stabile und effiziente Workflows optimale Ergebnisse – und das auch für Unternehmen außerhalb der Allianz Group!

Training und Coaching

Mitarbeiterqualifizierung und regelmäßige Coachings haben sich im DDS zu einem wesentlichen Bestandteil des Qualitätsmanagements entwickelt. Zu unseren Kompetenzen zählen Call-, Fach- und Vertriebs-Coachings für Mitarbeiter ebenso wie Coachings für Führungskräfte. Mit unserem Trainingsangebot zielen wir primär auf persönliche und methodische Kompetenzen. Da uns der vollständige Transfer besonders am Herzen liegt, bieten wir neben Mitarbeiter-Trainings auch Train-the-Trainer- und Train-the-Coach-Seminare. Dabei helfen wir Unternehmen, neue Trainings- und Coaching-Prozesse ideal in bestehende Landschaften einzubetten. Von serviceorientiertem Telefonieren, Vertriebstrainings, Moderation in Besprechungen bis zur Begleitung von Teamprozessen: Unser 14-köpfiges Team aus langjährig erfahrenen Trainern und Coaches ist gern auch in Ihrem Unternehmen erfolgreich!

Prozesse und Technik

Ob im Aufbau neuer Communication Center oder zur Optimierung bestehender Einheiten: Auf der Basis unserer eigenen Praxiserfahrung verfügen wir über effiziente Wege, Strukturen systematisch zu gestalten, Steuerungsmechanismen zielgerichtet zu verfeinern, Abläufe zu optimieren und die jeweiligen Aufgabenstellungen im Communication Center technisch effektiv zu unterstützen. Von der fallbezogenen "second opinion" bis zum schlüsselfertigen Aufbau Ihres Communication Centers: Wir begleiten Sie sicher ins Ziel!

Personaldienstleistungen

Als Unternehmen unter den 50 besten Arbeitgebern Deutschlands im Jahr 2003 wissen wir um die Bedeutung unserer Mitarbeiter als unser wichtigstes Kapital: Und gerade das macht uns zum idealen Partner in der Entwicklung und Implementierung von Beurteilungssystemen, Kompetenzmodellen, Vergütungsmodellen sowie im Recruitment von Mitarbeitern, die mit ihrer Arbeit Communication Center erfolgreich machen.

Und was können wir für Sie tun?
kontakt@dresdner-direktservice.com

DDS Dresdner Direktservice

Consulting

trainingcallcentersteuerungcoachingpersonalentwicklung
qualitätsmanagementitinfrastrukturkonzeptionimplementierung
personalinstrumenteprozessmanagementpersonalauswahl

&

direktvertriebcustomerretentiontechnischehotlines
telefonzentralenemailmanagementfachlichehotlines
kampagnenbegleitunginfohotlines

Services

Stark für Sie auf beiden Seiten ...

www.dresdner-direktservice.com

DDS Dresdner Direktservice

DEUTSCHLANDS BESTE ARBEITGEBER 2003 Capital

Ein Unternehmen der **Allianz Group**

Philips Fax Wien

Geschafft: Vom Cost zum Profit Center

Up- und Cross-Selling wird in vielen Call Centern der Serviceleistung für den Kunden untergeordnet. Clemens Schuler gelang bei Philips Fax Wien der Spagat zwischen reinen Service-Calls und dem zusätzlichen Verkauf. Deshalb wurde ihm der CAt-Award 2002 für Österreich verliehen.

Ein niedriger Service Level, fehlende Prozesssteuerung und eine niedrige Motivation bei den Mitarbeitern kann ein Call Center hart treffen. Tritt alles zeitgleich auf, ist vielleicht schon nichts mehr zu retten. Der CAt-Award-Gewinner 2002 für Österreich, Clemens Schuler, sah sich zu Beginn seiner Call-Center-Leitung des Philips Fax Call Centers in Wien im Juli 2000 mit eben solchen schwierigen Startbedingungen konfrontiert. Das Call Center stand eigentlich schon vor der Schließung.

Clemens Schuler gelang beim Philips Fax Call Center in Wien der Spagat zwischen reinen Service-Calls und dem zusätzlichen Verkauf.

Nach fast zwei Jahren hat sich die Lage gewandelt und das Philips Fax Call Center liefert einen kompetenten Helpdesk für Probleme, die in der Bedienung von unzähligen Modellen der Philips Faxgeräte-Familie auftreten können. Größte Leistung: Die Unternehmenseinheit Call Center arbeitet profitabel und trägt sich heute selbst.

▶ Individualität und Qualität an einem Standort vereint

Für Wiener Verhältnisse zeichnet sich das Philips Fax Call Center durch die Besonderheit aus, dass es sich um ein echtes multilinguales Call Center handelt. In Wien ist das trotz der starken Initiative, die Stadt als Standort für internationale Service-Einheiten zu platzieren, noch sehr selten. (http://www.viennacalling.at)

Aus Sicht der Call-Center-Branche, oder derer, die Customer Care anbieten, hat dieses Call Center aber noch ein ganz besonderes Merkmal zu bieten. Dies ist nicht zuletzt Herrn Schuler, seinen Ideen und seiner Hartnäckigkeit zu verdanken. Seine Leistung: Er hat ein Modell mit Beispielcharakter in einem schwierigen Konzernumfeld umgesetzt.

Doch wie kam es zu dieser Idee? Oft werden Customer Care, Helpdesk und andere kundenserviceorientierte Einrichtungen als notwendiges Übel wahrgenommen und – je nach Budget – mehr oder minder qualitätsbewusst betrieben.

In jedem Fall kosten sie jedoch viel Geld und werden subjektiv als nicht Gewinn bringende Cost Center gesehen. Treten Engpässe auf, wird hier zuerst gespart beziehungsweise gekürzt. Oder aber es wird ein kostengünstiger Outsourcingpartner gesucht, von denen heute viele am Markt existieren. Der Budgetverantwortliche des Call Centers ist in seiner

Eigenschaft als Kostenregulator und Qualitätsanbieter gefordert. Deshalb wird versucht, über Telemarketing und andere Kampagnen Neukunden zu akquirieren oder Bestandskunden für Cross- und Up-Selling-Aktivitäten zu kontaktieren.

▶ Mit einer simplen Methode zum Durchbruch

Nachdem Clemens Schuler während seines Studiums die Helpdesk-Luft im Call Center geschnuppert hatte (er spricht mehrere Sprachen fließend), übernahm er bei Philips Fax Systeme den Bereich E-Commerce/Direct Sales. Hier galt es, den Vertrieb für Verbrauchsmaterialien für die Geräte neu zu entwickeln. Unter anderem wurde auch ein Call Center zur Bestellannahme beauftragt.

Als Schuler berufen wurde, die Call-Center-Leitung zu übernehmen, fusionierten beide Ansätze zu einer simplen, jedoch produktiven Lösung. Die Idee des vertriebsorientierten Einsatzes des Helpdesks und damit der Entwicklung zum Profit Center war geboren.

Der Kunde ruft an, weil er ein Problem hat. Ihm wird kompetent und zuverlässig geholfen, und zwar in seiner Landessprache.

Nachdem der Kunde zufriedengestellt ist, wird freundlich nachgefragt, ob er einen Verbrauchsmaterialbedarf für sein Faxgerät hat und ob dies sofort für ihn mit erledigt werden soll. Die Lieferung erfolgt prompt und kostengünstig. Das positive Erlebnis für den Kunden ist nicht nur die Lösung seines Problems, sondern auch die Erledigung seiner sonstigen Anliegen in nur einem Arbeitsgang. Verbrauchsmaterial könnte im falschen Augenblick zur Neige gehen und es müsste neues besorgt werden. Oder zukünftig wird wieder welches gebraucht und eine Mühe in der Zukunft bleibt erspart.

▶ Vom Cost zum Profit Center ... und es geht doch

Schuler berichtet, dass er selbst gespannt war, wie der von ihm für dieses Projekt erstellte Businessplan aufgehen würde. Einige Monate Umstellungsphase im laufenden Betrieb und einige Schulungen der Mitarbeiter wurden notwendig, weil nun neben der Kompetenz in der technischen Hilfestellung und dem Kundenumgang auch ein vertriebsorientiertes Denken entwickelt werden musste. Eine starke kulturelle Veränderung hatte im Call Center ihren Anfang genommen. Des Weiteren galt es, die technischen Gegebenheiten dem Anspruch einer Bestellhotline anzupassen und den Anschluss an die E-Commerce-Logistik herzustellen. Ebenfalls musste auch die Priorisierung zwischen eingehenden Kundenanrufen und der Zeit für das Verkaufsgespräch entsprechend gestaltet werden.

Der Erfolg stellte sich überraschend schnell ein. In nur wenigen Monaten entwickelte sich das Cost Center zum Profit Center. Das Kunststück war gelungen.

▶ Die Evolution eines Call Centers

Nun kann das Call Center selbstfinanziert seine Qualität und seine Entwicklung eigendynamisch betreiben. Das Modell hat beim

Die Zahl der Mitarbeiter bei Philips Fax Wien hat sich zwischen 2000 und 2002 verdoppelt.

Die Mitarbeiter von Philips Fax Wien beim Tagesgeschäft.

neuen Eigentümer Sagem, der den Konzernbereich Philips Faxsysteme erworben hat, soviel Zufriedenheit ausgelöst, dass das Modell weiterentwickelt und der Standort Wien für den europaweiten Service ausgebaut wird.

Zwei weitere Argumente konnten die CAt-Jury von Clemens Schulers Managementqualitäten überzeugen. Zum einen war es die Tatsache, dass er es geschafft hat, in einem Produktionsunternehmen, das sonst alle seine Call Center-Leistungen auslagert und dessen Mitarbeiter zunächst wenig Verständnis für die sonderbare Unternehmenskultur eines Call Centers entwickeln konnten, die Zusammenarbeit zwischen den diversen Bereichen Call Center, Techniker und Vertrieb so zu entwickeln, dass eine zunehmende Optimierung der Effizienz des Customer- und Vertriebs-Helpdesks möglich wurde. Zum anderen überzeugte die Einführung seines „Quality Feedback Back Loop", das über die Kontakte des Helpdesks eine laufende und systematische Kontrolle und Analyse der Qualität der Produkte und möglicher Fehlerursachen ermöglicht. Deren Auswertungen werden den anderen Bereichen des Unternehmens zur Verfügung gestellt. Produktentwicklung, Gestaltung, Technik und Lösungen werden somit laufend optimiert und die Ergebnisse an das Call Center zurückgeliefert.

Nichts ist so beständig wie die Veränderung – und so ist es auch hier. Kein halbes Jahr nach der Verleihung des CAt-Award 2002 war Clemens Schuler nicht mehr der Leiter im Philips Fax-Helpdesk. In einem Gespräch am Rande der ICCM in Chicago bestätigte Schuler, dass unter der neuen Leitung von Sagem doch nicht mehr „alles beim Alten" sei. Deshalb wolle er nun zu neuen Ufern aufbrechen. Was bleibt, ist der Beweis Schulers, dass es doch möglich ist, in einem schwierigen Umfeld einen Gewinn bringenden kreativen Ansatz nicht nur zu schaffen, zu planen und zu budgetieren, sondern ihn auch erfolgreich umzusetzen. Darüber hinaus wurde es nicht versäumt, auf Qualität zu achten, Internationalität zu leben und einen bereichsübergreifenden Sinn für den Einsatz eines Call Centers zu schaffen. (fa)

(Artikel aus CallCenterProfi 9/2002)

SITEL

Kompetenter Partner in jeder Beziehung

Mark Brown,
Managing Director
SITEL GmbH

Krefeld – Die SITEL Corporation ist ein weltweit führender Dienstleistungspartner für das Outsourcing und die Optimierung komplexer Geschäftsprozesse. Tagtäglich wickelt das Competence Call Center an rund 80 Standorten für mehr als 300 Klienten in 25 Sprachen 1,5 Millionen Kundenkontakte ab. Daraus resultieren Erfahrungen in allen Märkten, Nationalitäten und Kulturen dieser Welt. Deren systematische Analyse bietet ein effizientes Wissensmanagement, das jede Marktforschung schlägt.

Durch den Einsatz modernster Technologien, den globalen Austausch von Best Practices, umfangreiches Branchen Know-how sowie langjährige Erfahrungen im Bereich Business Process Outsourcing (BPO) ist es SITEL möglich, seinen Auftraggebern kundenorientierte, umsatzfokussierte und qualitativ hochwertige Lösungen anzubieten. SITEL entwirft, implementiert und betreibt Competence Call Center, um Kundenbeziehungen aufzubauen, zu stabilisieren und bis dato unerschlossene Kundenpotenziale zu aktivieren. Global anwendbare Management- und Technologiestandards ermöglichen identische Dienstleistungen über sämtliche Niederlassungen hinweg.

Die SITEL GmbH setzt seit 1996 in Deutschland fort, was 1985 in den USA begann. An inzwischen vier Standorten in Krefeld (2), Dessau und Düsseldorf (Trainingscenter) bietet SITEL ebenso vielfältige wie komplexe Lösungen und übernimmt die Verantwortung für komplette Prozessketten. Unerheblich, ob es sich um Kundenpflege, Kundenakquise, Kundenrückgewinnung, Technische Unterstützung, Beschwerdemanagement, Vertriebsinnendienst, Beratung, Training, Internetservice, Marktforschung oder Forderungsmanagement handelt.

„Wenn Unternehmen heute Unterstützung für ihr Outsourcing suchen, geht es ihnen zumeist nicht nur um die Auslagerung einzelner Projekte, sondern darum, den Nutzen des Outsourcing, der weit über das einfache Kostensparen hinausgeht, voll auszuschöpfen. Sie erwarten langfristig angelegte Partnerschaften, Finanzierungsmodelle und eine Risikoverteilung, welche die Integration innovativer Strategien erlaubt und die daraus entstehenden Geschäftsprozesse voll unterstützt", so Mark Brown, Managing Director der SITEL GmbH.

Besonderes Augenmerk liegt auf der qualifizierten Ausbildung der Call Center Agents. Da in Abhängigkeit von der jeweiligen Branche, Zielgruppe und Serviceleistung unterschiedliche personelle Anforderungen existieren, gibt es bei SITEL kein Standardprofil. Die Mitarbeiter werden den Projektanforderungen entsprechend ausgewählt und ausgebildet, und die Bandbreite der erforderlichen Profile reicht vom Telefonagenten für die Entgegennahme und Bearbeitung einfacherer Anfragen über den Bautechniker und die Bankkauffrau bis hin zum zertifizierten Systemadministrator.

SITEL GmbH
Europark Fichtenhain A 17
47807 Krefeld

Ansprechpartner:
Silke Kleinhans
Tel: 0 21 51 - 385 1219
Fax: 0 21 51 - 385 4000
Silke.Kleinhans@sitel.de

swisscom fixnet

Von der Raupe zum Schmetterling

Mit einem Umsatz von 14,5 Milliarden Franken im Jahr 2002 und insgesamt 20.470 Mitarbeitern ist die swisscom das führende Telekommunikationsunternehmen in der Schweiz. Der ehemalige Monopolist bietet das ganze Sortiment an Dienstleistungen und Produkten der Telekommunikation und ist in der mobilen und netzgebundenen Sprach- und Datenkommunikation sowie im Internet klarer Marktführer. Allerdings schreitet in der Schweiz die Liberalisierung des Telekommunikationsmarktes immer weiter fort, weshalb auch Big Player wie die swisscom dringend etwas für ihren Kundenservice tun müssen, wenn sie langfristig noch erfolgreich sein wollen.

„Vom Call Center zum Contact Center oder wie aus der Raupe ein Schmetterling wird", heißt es ebenso blumig wie treffend in einem Papier der swisscom fixnet. Seit 1999 arbeitet man hier an der Verwirklichung einer Vision – der Vision vom perfekten Customer Contact Center. Dafür holte man sich Joe Müller als Leiter an Bord. Müller, bereits seit 1986 in verschiedenen Positionen bei swisscom und in der Übergangszeit vom ehemaligen Monopolisten PTT als Project Executive in den Umstrukturierungsprozess involviert, kehrte somit in das operative Geschäft zurück. Unter seiner Ägide wurde alsbald das Programm Customer Contact im Geschäftsbereich Festnetztelefonie für rund 3,5 Millionen Privatkunden und circa 200.000 KMUs in Angriff genommen. Mit diesem Programm sollte der neue Dienstleistungsgedanke der swisscom im liberalisierten Marktumfeld Einzug halten.

Unter der Ägide von Joe Müller wurde bei swisscom fixnet das Programm Customer Contact im Geschäftsbereich Festnetztelefonie in Angriff genommen.

▶ Dienstleistungsoffensive für anspruchsvolle Kunden

Ausschlaggebend für den Start dieser Dienstleistungsoffensive waren zum einen die steigenden Kundenerwartungen. Die eidgenössischen Kunden fordern genauso wie die deutschen eine kompetente, schnelle und erfolgreiche Beratung ein, und zwar 24 Stunden am Tag und sieben Tage die Woche. Eine Neustrukturierung war schon deshalb dringend geboten, weil die swisscom sich zur damaligen

In Kundenbefragungen erzielte das swisscom fixnet Contact Center besonders bei der Kompetenz der Agents oder der Wartezeit kontinuierlich gute Werte.

Zeit uneinheitlich am Markt präsentierte. Die telefonischen Zugangsmöglichkeiten waren vielfältig, was dazu führte, dass sich die Kunden durch einen Dschungel von Telefonnummern arbeiten mussten, bevor sie an der richtigen Stelle ihre Anliegen vortragen konnten. Die Arbeitsprozesse waren regional unterschiedlich und die Erreichbarkeitszeiten nicht auf die Kundenbedürfnisse abgestimmt. Zum anderen ließ auch die Effizienz des Services zu wünschen übrig. Darüber hinaus wollte die Swisscom den neuen Dienstleistungsgedanken in ihre Kundschaft tragen. Genug Gründe also, eine Umstrukturierung zu wagen.

Die Vision von „seinem" Customer Contact hat das Unternehmen in folgendem Leitsatz formuliert: „swisscom fixnet ist führend im Management der Kundenbeziehungen entsprechend den Kundenerwartungen und dem Kundenwert. Der Kunde fühlt sich individuell wahrgenommen, freundlich bedient sowie kompetent und effizient betreut."

Vier Jahre bis zur Erfüllung einer Vision

Für die Erfüllung dieser Vision hat sich der Telekommunikationsdienstleister drei bis vier Jahre Zeit gegeben. Damit über diese Dauer die Zielorientierung nicht aus dem Blick gerät, wurden Leitlinien aufgestellt. Der Erfolg des gesamten Programms, aber auch der innerhalb des Programms realisierten Einzelprojekte, wird anhand dieser Leitlinien gemessen. Sie postulieren unter anderem den Multichannel-Ansatz, die proaktive Kundenbetreuung, die Idee des One-face-to-the-customer (wohinter sich ein immer und überall gleicher Unternehmensauftritt nach außen verbirgt), die Kundendifferenzierung nach Kundenwert sowie die Optimierung der Call-Center-Plattform.

Das in drei Phasen aufgeteilte Customer Contact-Programm startete damit, dass 1999 die 17 regionalen Geschäftsstellen aufgelöst und in einem virtuellen Verbund mit insgesamt vier Call Centern und acht Back-Offices zusammengefasst wurden. Dabei implementierte swisscom auch gleich die CRM-Software Vantive sowie weitere moderne Communication-Center-Tools. Die Erreichbarkeit wurde auf 18 Stunden am Tag an sechs Tagen der Woche erhöht. Außerdem stand in dieser ersten Phase die Bündelung und Standardisierung der Service-Aufgaben an. Was die Kunden vermutlich zuerst bemerkten, war indes die Einführung einer einzigen gebührenfreien Nummer, die sich mit den Ziffern 0800 800 800 leicht einprägt.

Anfang 2000 war diese erste Phase abgeschlossen – das Contact Center hatte schon jetzt im Vergleich zu vorher ein völlig neues Gesicht.

► DC4CUC, OMS und Haski sorgen für mehr Service

Die sich anschließende zweite Phase beschäftigte sich vor allem mit der weiteren Integration der Kontaktkanäle, mit dem besseren Zusammenspiel von Customer-Interface- und Auftragsbearbeitungsaufgaben sowie einer weiteren Automatisierung der Prozesse.

Dafür wurden drei Projekte aufgesetzt, die sich nicht nur durch ihre kryptischen Namen auszeichnen: Das Projekt DC4CUC stand für Document Center for Customer Care. Es hatte vor allem ein verbessertes Mail-Handling zum Ziel. Das war auch dringend nötig, denn zuvor lief das Procedere wie folgt: Eingehende Dokumente wurden über drei bis vier Sortierprozesse zur zuständigen Sachbearbeiterin gebracht, dort bearbeitet und erst nach der

Den Kunden freundlich, kompetent und effizient zu betreuen, ist ein zentrales Ziel im Contact Center von swisscom fixnet.

Auftragserledigung gescannt und archiviert. Dieser Ablauf wurde komplett auf den Kopf gestellt. Seit 2001 läuft das ehemals papiergebundene Handling von jährlich etwa zwei Millionen Aufträgen komplett elektronisch. Seitdem haben alle Agents jederzeit und schnell Zugriff auf alle eingegangenen Korrespondenzen und sind damit kompetent auskunftsfähig gegenüber den Kunden. Das Handling der physischen Post inklusive Scannen lagerte die swisscom an ein Tochterunternehmen der schweizerischen Post aus.

Ein weiteres Projekt trug das Kürzel OMS. Mit dem Order Management swisscom sollte zum Beispiel eine Auskunftsbereitschaft über den Status der laufenden Aufträge hergestellt, die Komplexität innerhalb der Auftragsbearbeitungssysteme reduziert und die Systemlandschaft besser miteinander verbunden werden. Was hier so theoretisch daherkommt, kann im Alltag sehr konkrete Auswirkungen haben: Dank OMS ist es laut swisscom heute möglich, einen Telefonanschluss innerhalb von drei Minuten nach der telefonischen Kontaktaufnahme freizuschalten, sodass der Kunde sofort telefonieren kann. Dabei sind eigentlich nur noch der Agent und der Kunde beteiligt, der Rest läuft automatisch.

Dazu trägt auch das dritte Projekt, nämlich Haski, bei. Haski heißt Harmonisierung/Kundenkorrespondenz und tut genau das, was der Name schon sagt: Es geht unter anderem um die schweizweite Harmonisierung der Standardkorrespondenz.

Nach DC4CUC, OMS und Haski schloss sich der vorerst letzte, der dritte Schritt auf dem Weg zur Realisierung der Contact-Center-Vision an. Die Trennung von Call Center und Nachbearbeitung stand hier ebenso auf dem Programm wie die automatische Volumensteuerung mit Hilfe eines virtuellen Routings aller eingehenden Calls, Mails, Faxe und E-Mails.

▶ Die Verpuppung hat geklappt

Die swisscom-Kunden haben bereits im Jahr 2001 vor dem endgültigen Abschluss des Customer-Contact-Projekts ein positives Feedback gegeben. So war zum Beispiel die Hotline-Nummer äußerst beliebt und mit einem Bekanntheitsgrad von nahezu 90 Prozent weit verbreitet. In einer allmonatlich durchgeführten Kundenzufriedenheitsstudie lag der Grad der globalen Zufriedenheit auf einer Skala zwischen 1 und 10 immer deutlich über 7. Besonders bei Fragen zur Kompetenz der Agents oder zur Wartezeit schnitt das Contact Center kontinuierlich gut ab. Und damit hatte die Swisscom schon zwei Jahre vor dem geplanten Abschluss des Programms eines ihrer Hauptziele erreicht – nämlich die Erwartungen ihrer Kunden zu erfüllen. Die Anstrengungen des ehemaligen Monopolisten haben sich schnell gelohnt, denn Kundenzufriedenheit senkt die im liberalisierten Markt drohende Wechselwilligkeit der Kunden ganz enorm. Kurz: Aus der Raupe war schon nach kurzer Zeit ein ganz passabler Schmetterling geworden! (vh)

Swiss Post International

Vainchas: Reorganisation als Chance

„Vainchas" ist rätoromanisch und heißt so viel wie „wir packen's, let's go!". Ein gutes Motto für das Call-Center-Team der Schweizerischen Post International, dessen Leiterin Marina Grun mit dem CAt-Award 2003 für die Schweiz ausgezeichnet wurde.

Swiss Post International bietet verschiedene Produkte im internationalen Waren- und Dokumentenversand an. Für das Erbringen dieser Dienstleistungen arbeitet SPI mit ausländischen Postorganisationen sowie mit Vertriebspartnern zusammen. Der Verkauf und die Beratung der SPI Produkte kann via Poststelle, Verkauf SPI, Verkauf Briefpost, Verkauf Paketpost, sowie über den SPI Customer Service erfolgen. In der Nachkaufphase kann es zu Beschwerden und Nachforschungen bei verschiedenen internen (Paket-, Express- und Briefpost der Schweizerischen Post) sowie externen Partnern (ausländische Postverwaltungen, TNT Swisspost, General Parcel, etc.) kommen, welche auch Haftpflicht-Leistungen und Regressforderungen nach sich ziehen können.

Marina Grun, Call-Center-Leiterin bei der Schweizerischen Post, Swiss Post International, brachte neue Strukturen und Aufgabengebiete ins Call Center.

Unter dem Stichwort Kundenkontakte (interne und externe) ist zunächst die Beratung über die gesamte SPI Dienstleistungspalette anzuführen, aber auch Track & Trace-Anfragen, Anfragen über Ein- und Ausfuhrbestimmungen, Zollformalitäten, Postcode Anfragen und Kundenreklamationen sowie Anfragen über den Stand einer Nachforschung. Ein Beispiel aus dem eigens produzierten Video des Teams: Ein Hochzeitskleid, welches nach Portugal verschickt wurde, ist wenige Tage vor dem großem Tag noch nicht vor Ort. Die Customer Service-MitarbeiterInnen klären die Situation ab, unternehmen die notwendigen Schritte und können schließlich der erleichterten Braut und der Absenderin den rechtzeitigen Empfang der Sendung bestätigen. Die Dienstleistungen von SPI Customer Services in Bern können sich heute sehen lassen: Sowohl bezüglich der Qualität, Effizienz und Kundenzufriedenheit, aber auch bezüglich der Quantität und Erfüllung der budgetierten Vorgaben kann SPI auf seine Customer Services stolz sein. Der Weg zum Status quo war allerdings nicht einfach.

► Die Unsicherheiten in der Neuausrichtung

Auf Grund eines Konzernentscheides ist die Schweizerische Post ein Joint Venture mit TNT Schweiz per Juni 2001 eingegangen. Der Businessplan forderte die Auslagerung des EMS/Urgent Kurier-Services von SPI Customer Service zu der neuen Partnerfirma TNT Swiss Post in Buchs/AG. Direkt betroffen von dieser Restrukturierung waren zehn MitarbeiterInnen von SPI CS sowie die Strukturen und Organisation des SPI Customer Service. Die SPI CS MitarbeiterInnen sind im Januar 2001 an einem Info-Anlass erstmals über das Aus-

Durch die angenehme Arbeitsatmosphäre und das Ambiente im SPI Customer-Service-Team fühlen sich alle Mitarbeiter wohl.

maß der Reorganisation, Neuausrichtung des SPI Customer Services informiert worden. Hohe emotionale sowie soziale Stressfaktoren wurden durch diese Ankündigung freigesetzt. Dieses Ereignis hat viele Existenz- und Verlustängste bei den SPI CS MitarbeiterInnen ausgelöst. Aber auch die neue Größe des SPI Customer Services vermittelte Angst und Unbehagen. In einem „unpersönlichen Call Center" wollte keiner dieser Spezialisten arbeiten.

▶ Die Betroffenen werden zu direkt Beteiligten

Durch die Integration neuer Aufgaben und die Schaffung neuer Stellen konnte Marina Grun den betroffenen MitarbeiterInnen eine Stellung anbieten. In speziell auf die Situation zugeschnittenen Workshops und anlässlich intensiver Personalgespräche sind die SPI CS MitarbeiterInnen vom Status „Betroffene" zum Status „Beteiligte" geführt worden. Unglaubliche Energien sind dabei geweckt worden. Die „Beteiligten" ergriffen die Chance, ihr neues Aufgabengebiet mitzugestalten, dabei Prozesse zu erarbeiten und Teamaspekte mit einzubeziehen. Auch die Umschulungen zu professionellen Call-Center-Agents in einem neuen Fachgebiet wurden motiviert angegangen und erfolgreich abgeschlossen. Ein Wochenend-Telefonseminar hat dem „neuen" Customer-Care-Services-Team zu fachlichen Kompetenzen, aber auch zur Teamentwicklung maßgeblich beigetragen. Das neue Customer-Care-Fach-Team war geboren.

Zur Einweihung und Taufe des neuen SPI Customer Care Services haben die MitarbeiterInnen innerhalb kürzester Zeit bildlich festgehalten, wie sie diese Reorganisation empfunden haben. Wie sie sich von den alten Strukturen verabschiedet haben und zugleich die neuen willkommen heißen. Das Vorstellen ihres neuen Aufgabengebietes war ein Thema, doch auch soziale Aspekte wurden in den Vordergrund gesetzt. Die Customer Care Services-Taufe wurde mit einer Tombola abgerundet, deren Erlös einer behinderten Wohn- und Arbeitsgruppe zugute kam.

Am 1. Juli 2001 standen die CCS-MitarbeiterInnen schon weit vor der Öffnungszeit energiegeladen und voll freudiger Erwartung auf die ersten Kundenanrufe auf dem Teppich. Dem erfolgreichen Start einer neuen Ära stand nichts mehr im Wege. Auch die Infrastruktur, Informatik und Telefonanlage waren on time einsatzfähig.

Beispielhafte Integration und Kommunikation

Die SPI Customer Service-Leitung und das Team leben heute ihre Philosophie durch Offenheit gegenüber multikulturellen Aspekten (zahlreiche Kulturen und Sprachen werden hier zum Vorteil des Unternehmens verschmolzen) und den Miteinbezug von leistungsverminderten Menschen. Denise Lauener (24 Jahre, Rollstuhlfahrerin, körperliche Behinderung seit Geburt, kaufmännische Ausbildung) feierte am 1. Dezember 2002 ihr einjähriges Jubiläum bei SPI CS.

Die Integration im multikulturellen Team und in der Arbeitswelt hat gut geklappt. Multikulturelles Denken und Handeln, offene und transparente Kommunikation, fordern und fördern der MitarbeiterInnen, Personalzufriedenheit durch intrinsische Motivationsfaktoren, Kundenzufriedenheit durch qualifizierte, kundenorientierte und motivierte MitarbeiterInnen, Teamorientierung („gemeinsam sind wir stark").

Mit dieser Philosophie führt Marina Grun den SPI Customer Service. Jedes Jahr begleitet das Team ein eigens erarbeitetes SPI CS Team-Motto. Das im Januar 2001, anlässlich des Infoanlasses, Neuausrichtung, von den SPI Customer Service MitarbeiterInnen erarbeitete SPI CS Team Motto: „Vainchas" (Rätoromanisch „wir packen's, let's go!"), hatte das Team das ganze Jahr 2001 begleitet und mental gestärkt. Im Jahr 2002 hieß das Motto „Einer für alle, alle für Einen". Unter diesem Motto produzierten vier MitarbeiterInnen nebst dem Daily Business einen Film, in welchem sie den SPI Customer Service präsentieren. Die starke Identifikation und Motivation aller SPI CS MitarbeiterInnen kommt hier klar zum Ausdruck. Nicht zuletzt trägt zum Wohlbefinden der ArbeitnehmerInnen auch das angenehme Ambiente bei. Für die Einrichtung und optimale Ergonomie am Arbeitsplatz war die Firma ZKD in Kleindöttigen zuständig. Die Philosophie dieser Firma ist die Bewegung am Arbeitsplatz und sie hat demnach ihr Sortiment ausgerichtet, was auch beim SPI CS-Team positiv eingeschlagen hat. Alois Schneider, Verkaufsleiter bei der ZKD, war zusammen mit der Teamleiterin Silvia Martone auch der Initiator der CAt-Anmeldung. Er hat die Reorganisation vom SPI CS hautnah miterlebt und tiefgründige Eindrücke mitgenommen. (sfo)

(Artikel aus CallCenterProfi 3/2003)

Teil III

Erfolgreiche Call-Center-Dienstleister im Porträt

Arvato direct services

„Wir wollen nicht die Größten, sondern die Besten sein"

... sagt Rolf Buch, Geschäftsführer von arvato direct services. Dabei steht das Gütersloher Communication Center im Branchen-Ranking unumstritten und mit weitem Abstand zur Konkurrenz auf Platz Eins. Dass die Ostwestfalen also zumindest vom Netto-Roheinkommen her die Größten sind, steht außer Frage. Was aber tut arvato direct services , um zu den Besten zu zählen? Rolf Buch stand der Redaktion Rede und Antwort.

Rolf Buch, Geschäftsführer von arvato direct services, setzt bei der Kundenbindung auf drei Dinge: „auf Qualität, nochmals Qualität und natürlich auf Flexibilität."

Redaktion: Welche Faktoren muss ein Communication Center heutzutage erfüllen, wenn es erfolgreich im Markt bestehen will?
Rolf Buch: Qualität ist der alles entscheidende Faktor. Um dieses Kriterium vor dem Hintergrund höchster Flexibilität in marktgerechter Form zu erfüllen, sind ein für die Mitarbeiter motivierendes Umfeld, ein professionelles Management und permanente Prozessoptimierung unabdingbar. Qualitätsmanagement muss nicht nur in der Organisation verankert sein, sondern über alle Hierarchieebenen gelebt werden.

Redaktion: Wo sehen Sie weitere Wachstumschancen für den Communication-Center-Markt im Allgemeinen?
Rolf Buch: Ich bin davon überzeugt, dass der Communication-Center-Markt moderat weiter wachsen wird. Ein Grund für diesen Optimismus sind Untersuchungen renommierter Marktforschungsinstitute, die eindeutig belegen, dass der Trend zum Outsourcing ungebrochen ist. Wachstumschancen bieten sich zum einen durch die Integration von neuen Produkten und Dienstleistungen und zum anderen durch die Akquisition von Kunden aus Branchen, die das Thema bislang noch nicht intensiv aufgegriffen haben.

Redaktion: ... und Wachstumschancen für arvato direct services im Besonderen?
Rolf Buch: Der derzeit wichtigste Trend auf Kundenseite ist Business Process Outsourcing, das heißt, die Vergabe von umfassenden Prozessketten an einen Dienstleister. Diese hochkomplexen Dienstleistungen können derzeit nur sehr wenige Unternehmen am Markt anbieten. Zentraler Erfolgsfaktor der Unternehmensstrategie von arvato direct services ist daher die Realisierung von kundenindividuellen Fullservice-Lösungen (Datenmanagement, Lettershop, Call Center, Finanzdienstleistungen), die mit den Geschäften der Kunden harmonisch wachsen.

Redaktion: Sie haben im Frühjahr 2003 angekündigt, dass arvato direct services zur weiteren Wachstumssicherung unter anderem neue Produkte und Dienstleistungen bieten wird. Heißt das im Umkehrschluss, dass all jene Dienstleister, die sich auf reine Call-Center-Dienste beschränken, langfristig nicht überlebensfähig sein werden?

Im CCC wurden interessierte Inbound-Mitarbeiter zusätzlich auch für Outbound-Aufgaben trainiert.

Telekom Austria seit Jahren verstärkt um guten Service und Nähe zu ihren Kunden. Das Unternehmen unterhält unter anderem 49 Telekom Austria-Shops in allen Bundesländern und hat zahlreiche interne Call Center in ganz Österreich im Einsatz.

Ein Schwerpunkt der Kampagne rund um das „Jahr des Kunden“ war die Outbound-Aktion, die die bestehenden Kunden enger an die Telekom Austria binden sollte. Die erklärten Ziele der 350.000 Outbound-Calls, die im Jahr 2002 allein vom Competence Call Center für die Telekom Austria geführt wurden, lauteten:

- die Sympathiewerte der Telekom Austria zu erhöhen,
- ein Abwandern zu alternativen Anbietern zu verhindern,
- dokumentiertes und dokumentierbares Beziehungsmanagement zu schaffen,
- mit Hilfe von Markt- und Meinungsforschung die Bedürfnisse der Kunden noch besser zu erfassen, um daraus neue Angebote definieren zu können.

Kurze Wege erleichtern die Abwicklung

Ein Outbound-Projekt dieser Größenordnung stellte das Competence Call Center vor neue Herausforderungen. Chefin Carita Vallinkoski tat zunächst einmal Nahe liegendes: Sie etablierte ein exklusives Projektteam sowie ein „CCC-Telekom Austria-Management-Team“, um die Kommunikationswege zu verkürzen und Ziele und Inhalte der Kampagne schnell und direkt umsetzen zu können. Das war wichtig, da unter dem Dach der „Das Jahr des Kunden“-Kampagne unterschiedliche Aktionen liefen. Im CCC setzt man als Bestandteil der Philosophie ohnehin auf eine offene Kommunikationspolitik, in der Kritik nicht als Angriff, sondern als Anstoß für Verbesserungen definiert wird.

Gemeinsam mit der Telekom Austria erstellten die Spezialisten Gesprächsleitfäden mit den dazugehörigen Feedback-Schleifen; vor jeder neuen Aktion traf sich das Team, um immer wieder die passenden Leitfäden zu erstellen. Außerdem wurde ein gemeinsames Schulungsteam, bestehend aus Produktverantwortlichen auf Kundenseite und Kommunikationsprofis des CCC, gegründet.

Noch ein Wort zum Pricing: Die Call Center Competence AG setzt auf eine transparente Dienstleistungs-Preispolitik, die dem Auftraggeber und dem Auftragnehmer eine qualitativ hochwertige Projektumsetzung und somit eine professionelle Zielerreichung ermöglichen.

▶ Umschulung statt hire & fire

Da die „hire and fire-Mentalität" Carita Vallinkoskis Sache nicht ist, bestand sie darauf, zunächst einmal die Inbound-Mitarbeiter des CCC zu fragen, ob sie Interesse an der neuen Aufgabe hätten. Die Interessenten wurden auf ihre Fähigkeiten hin überprüft und gegebenenfalls zusätzlich trainiert. Nur der Mitarbeiterbedarf, der intern nicht zu decken war, wurde extern angeworben. Carita Vallinkoskis Credo lautet: „Bevor wir eigene geschulte Ingoing-Agents aufgrund der schlechteren Auftragslage kündigen, schulen wir interessierte Mitarbeiter um und geben ihnen neue Perspektiven." Damit pflegt das CCC eine Unternehmenskultur, die sicherlich zur Motivation und Loyalität der Mitarbeiter beiträgt. Neben dem Wiener CCC war auch der Standort Linz mit dem Projekt betraut. Diese Zwei-Standorte-Strategie diente ebenfalls für die Sicherung der Arbeitsplätze.

▶ Die Technik muss stimmen

Natürlich muss bei so einer Kampagne die Technik auf Kunden- und Dienstleisterseite aufeinander abgestimmt sein und stabil und reibungslos funktionieren. Nach der Analyse der IT-Landschaften von Telekom Austria und CCC wurden ein Datenbanksystem auf Microsoft-SQL-Basis implementiert. Das CCC war dadurch in der Lage, die gewonnenen Daten in den gewünschten IT-Formaten an die Telekom Austria weiterzugeben, die sie dann problemlos und taggleich in ihr CRM-System einpflegen konnte. Das tägliche Reporting sorgte dafür, dass der Kampagnenerfolg jederzeit kontrollierbar und somit optimierbar war.

▶ Glückliche Kunden allerorten

350.000 Mal haben die CCC-Agents den Kunden der Telekom Austria den optimalen Tarif angeboten und die Kundenbedürfnisse, -wünsche und -emotionen dokumentiert. Der Erfolg der Kampagne hat die Erwartungen übertroffen. Über 80 Prozent der kontaktierten Kunden gaben an, dass sie von dem Service der Telekom Austria angenehm überrascht sind. Sogar über 90 Prozent gaben an, dass sie an einer erneuten Kontaktaufnahme seitens der Telekom Austria interessiert sind. Dank der Kampagne stagnierte die Kundenabwanderung und es wurden auch noch Kunden zurückgewonnen. Welche Produktwünsche bei den Kunden identifiziert wurden, bleibt indes das Geheimnis von Telekom Austria. Aber man kann wohl davon ausgehen, dass auch die Rückschlüsse aus der Bedürfnisbefragung interessant sind. Die Telekom Austria ist aus dem „Jahr des Kunden" also gestärkt hervorgegangen.

Und die Call Center Competence AG? Carita Vallinkoski sagt über die Telekom Austria: „Wir haben neue Freunde gewonnen." Vom freundschaftlichen Aspekt aber mal ganz abgesehen, kann sich das CCC auf die Fahnen schreiben, das größte Outbound-Projekt Österreichs im Jahr 2002 abgewickelt zu haben. Und mehr noch: Die Wiener CCC-Manager haben durch ihre vorausschauende Planung Arbeitsplätze erhalten. Angesichts des bröckelnden Inbound-Geschäfts hätten Mitarbeiter entlassen werden müssen, wenn man sich nicht rechtzeitig auch dem Outbound-Business gewidmet hätte. Nur gut, dass sich die CCCler nicht auf den Lorbeeren des Jahres 2001 ausgeruht, sondern weiterhin ein wachsames Auge auf die Marktentwicklung gehabt haben. Erfolgreiche Call Center-Manager zeichnen sich eben auch dadurch aus, niemals stehen zu bleiben und sich und ihren Aufgabenbereich konsequent weiter zu entwickeln.

PS: Carita Vallinkoski ist übrigens seit dem Jahr 2002 Teilhaberin des CCC. ... womit bewiesen wäre, dass man im CCC auch etwas von Führungskräftebindung versteht. (vh)

www.callcenterprofi.de - Alles rund um den Kundenservice!

- mit vielen Zusatzinfos zum Heft
- kostenlosem E-Mail-Newsletter
- CallCenterProfi Archiv und CallCenter Recht
- Job-Börse und Chat-Forum
- Profis der Branche, Termine, Buchtipp und, und, und

Schnell klicken: www.callcenterprofi.de

customer care solutions

Mit 3+1 auf der sicheren Seite

In der Call-Center-Branche unserer österreichischen Nachbarn sah es 1999 nicht viel anders aus als hier zu Lande: Das Geschäft rund um das professionelle Pflegen von Kundenbeziehungen erschien jedermann als Goldesel. Die Neugründungen schossen wie Pilze aus dem Boden. Denn, böse formuliert: Viele, die schon mal einen Telefonhörer in der Hand gehabt hatten, glaubten damit auch für das Management eines Communication Centers befähigt zu sein. Diese Haltung sollte sich für so manchen als schmerzlicher Irrtum herausstellen. Es gibt aber natürlich auch die anderen, die Professionellen, eben die, die die Wirtschaftskrise bis heute überstanden haben. Dazu zählt customer care solutions in Wien.

Im ersten Halbjahr des Jahres 1999 beschlossen Ferdi Akdag, Bernadette Bompard und Marcus Duschek ein eigenes Call Center, die customer care solutions (ccs), zu gründen. Alle drei hatten bis dato Erfahrungen im Aufbau und Betrieb einer Assistance-Einsatzzentrale gesammelt und verfügten daher über Know-how rund um Dienstleistungen in der Versicherungsbranche - aber leider kaum über Eigenkapital. Die frisch gebackenen Unternehmer gingen mit dem Anspruch ans Werk, mit ihrer Neugründung eine Vorreiterrolle am österreichischen Markt einzunehmen. Ein ehrgeiziges Unterfangen.

Marcus Duschek (Foto) hatte sich zusammen mit seinen Partnern Ferdi Akdag und Bernadette Bompard zum Ziel gesetzt, das erste echte Multimedia-Call-Center in Österreich aufzubauen.

▶ Bangemachen gilt nicht: ccs startet mit 3+1-Konzept

Der österreichische Assistance-Markt war seinerzeit dadurch, dass die Versicherer ihre Kunden meist über eigene Konzerntöchter betreuen, weitgehend gesättigt. Ein schneller Return-on-Investment war auf diesem Gebiet also kaum zu erwarten. Zugleich machten sich auch in der österreichischen Call-Center-Branche erste Verfallserscheinungen bemerkbar: Weil sich ständig neue Call Center etablierten, wurde der Kampf um die Marktanteile härter. Zu Lasten der Qualität und zu Lasten einer vernünftigen Preispolitik. Parallel dazu stiegen wie auch in Deutschland die Ansprüche der Kunden. Schon 1999 konnte es sich kein Call Center mehr leisten, nicht Web-fähig zu sein. Und auch rund ums Thema Customer-Relationship-Management (CRM) hatten die Anbieter fit zu sein. Diese Anforderungen sind ohne eine stabile und intelligente Informationstechnologie allesamt nicht erfüllbar. Doch eine solche Technik ist teuer.

Trotz dieser nicht eben risikolosen Aussichten, entschlossen sich die Drei, den Schritt in die Selbstständigkeit zu wagen. Allerdings erschien ihnen eine Spezialisierung von customer care solutions auf nur einen Call Center-Bereich als zu gefährlich. Statt auf einem Standbein sollte das neue Call Center auf dreien stehen, nämlich Inbound, Outbound und Assistance-Services. Von Beginn an war die schäftigten alle relevanten Fakten in einer eigens aufgelegten Broschüre nachlesen.

Nun nützt bekanntlich das beste System nichts, wenn es nicht von den Unternehmensmanagern vorgelebt wird. Um gleich im Vorhinein den Verdacht auszuräumen, es könne sich bei dem neuen Vergütungsmodell bloß um ein theoretisches Konstrukt handeln, engagierte sich die DDS-Geschäftsführung maßgeblich in den Führungskräfte- und Mitarbeiterschulungen. Und weil Manager mit gutem Beispiel vorangehen sollten, vereinbarte sie als erstes Ziele mit den eigenen Abteilungsleitern und Mitarbeitern.

Von einem Mangel an Zielen kann übrigens nicht die Rede sein: Insgesamt wurden im DDS über 420 verschiedene Ziele vereinbart, deren Schwerpunkte vor allen in der Kostenreduzierung, der Prozessoptimierung und der Effizienzsteigerung liegen.

Das richtig Schöne an diesem Modell ist, dass es eine klassische Win-Win-Situation schafft: Das DDS hat nun bei Konjunkturschwankungen tatsächlich „mehr Luft zum Atmen“ und kann flexibel auf Flauten reagieren. Und die Mitarbeiter betrachten sich als einen Teil des Unternehmens, das je nach Wirtschaftslage besser oder schlechter dasteht. Jeder kann durch sein Engagement dazu beitragen, dass es dem DDS und damit auch ihm selbst besser geht. Den DDSlern gefällt diese Form des Leistungsanreizes: Bei einer Punktabfrage am Ende der insgesamt sechzehn Mitarbeiterschulungen war eine überwältigende Mehrheit der Meinung, das DDS habe mit seinem neuen Vergütungskonzept „ins Schwarze getroffen“! (vh)

Bei DDS lernen die Mitarbeiter, wie Unternehmer zu denken.

GN Netcom
Like being there

Nur Fliegen

Mit dem Baukastensystem von GN Netcom lässt sich für jeden Bedarf das passende Headset zusammenstellen. (Bild: GN Netcom)

GN Netcom Headsets im Einsatz bei der Lufthansa GTS

Kundenservice auf höchstem Niveau – dafür steht das Lufthansa Global Tele Sales, der globale Call-Center-Verbund der deutschen Lufthansa. An acht Standorten weltweit bietet der Verbund ein umfangreiches Dienstleistungsangebot in den Bereichen Kundenbetreuung, Reservierung, Buchung, Reiseauskunft, Gepäckstatus und vieles mehr. Mit innovativer technischer Infrastruktur und modernster Call Center-Ausstattung sowie hochqualifizierten Mitarbeitern positioniert sie sich als führender Qualitätsanbieter im Bereich Kundenservice. Und es ist selbstverständlich, dass man bei der Lufthansa GTS nur mit Qualitätsprodukten arbeitet – wie den Profi-Headsets des Kommunikationsspezialisten GN Netcom.
Das Berliner Call Center ist Teil eines weltweiten, unabhängigen und als eigenständige GmbH agierenden Verbundes mit insgesamt 1.400 Mitarbeitern. Schwestergesellschaften befinden sich in Los Angeles, New York, Dublin, Kassel, Istanbul, Kapstadt, Melbourne und demnächst auch in Peterborough/Kanada.

Erreichbarkeit und Kundennähe

Erreichbarkeit und Kundennähe sind oberstes Gebot im Berliner Call Center. Die technische Infrastruktur und der hohe Qualitäts- und Trainingsstandard für die Mitarbeiter bieten dafür die besten Voraussetzungen.
Die Berliner Infrastruktur umfasst eine Avaya Definity G3r-Telefonanlage, die branchenspezifisch auf die Bedürfnisse der Lufthansa Global Tele Sales-Niederlassung in der deutschen Hauptstadt zugeschnitten wurde. Den rund 300 Call Center Agents stehen 195 mit Hard- und Softphones ausgestattete, sowie weitere 240 Arbeitsplatzrechner zur Verfügung.
Für eine punktgenaue Auslastung aller Call Center im weltweiten Verbund sorgt eine moderne CTI-Verknüpfung: Bei einem eingehenden Anruf kommuniziert die Telefonanlage in Berlin mit dem intelligenten Server der VCC Genesys-Anlage, die bei der Lufthansa Systems in Kelsterbach steht. Bei einer Auslastung des Berliner Call Centers wird der Anruf automatisch an die Ausweichstandorte Kassel, Dublin, Istanbul oder – zu Nachtzeiten – nach Kapstadt weitergeroutet.
Seit der Aufnahme des operativen Betriebes im September 2000 deckt das Call Center Serviceleistungen rund um die Bereiche In- und Outbound, E-Mail und Fax-Handling sowie komplexe Fulfillment-Leistungen ab. Dazu zählt in erster Linie die Betreuung von Kunden aus Deutschland, die über die zentrale Lufthansa-Servicenummer anrufen. Zum anderen können über diese Hotline Reservierungen und Buchungen von Flugtickets vorgenommen werden. Ebenso werden über das Internet bestellte Tickets von Berlin aus verschickt

Qualität zählt

Bei der Fülle dieses breitgefächerten und exklusiven Serviceangebots versteht es sich von selbst, dass Qualitätskontrollen und Sicherungsmaßnahmen ein absolutes Muss bei der Lufthansa GTS sind.
Damit die hoch qualifizierten Mitarbeiter auch in punkto Kundenservice höchste Performance liefern, ist eine perfekt aufeinander abgestimmte technische Infrastruktur und hochqualitative Ausstattung aller Call Center-Komponenten von zentraler Bedeutung. „Im Sinne unseres selbst gesteckten Anspruches, Kundenservice auf höchstem Niveau zu bieten, können wir uns keinerlei Qualitätseinbußen leisten. Das heißt, dass auch die ‚Hardware', mit der die Call Center Agents tagtäglich arbeiten – wie beispielsweise Headsets –

ist schöner

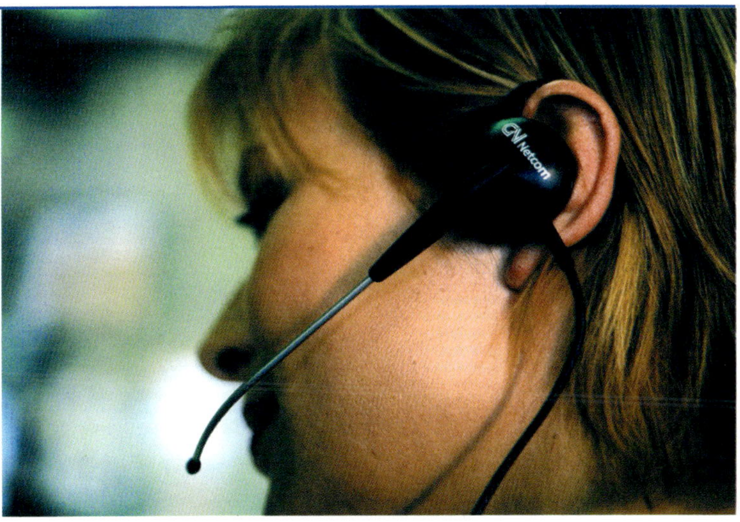

Das federleichte GN 2100 ist auch bei der Lufthansa GTS die erste Wahl. (Bild: GN Netcom)

einwandfrei funktionieren muss!", sagt Stefan Göckel, Manager Operations der Lufthansa Global Telesales.

Rundum überzeugen konnten die Headsets des Kommunikationsspezialisten GN Netcom: Vor über einem Jahr hat sich das Berliner Call Center für 340 Exemplare des GN 2100 Headsets entschieden. Dabei waren auch die Call Center-Agenten von Anfang an in den Auswahlprozess eingebunden. Nachdem sie unterschiedliche Headset-Modelle auf ihre Alltagstauglichkeit getestet haben, fiel ihre Wahl auf das Profi-Headset GN 2100.

Es zeichnet sich vor allem durch seine kristallklare Klangqualität – ohne störende Geräusche wie Rückkopplungen oder Rauschen – und seine hervorragende Sprachübermittlung aus. Die federleichte und gleichzeitig stabile Headsetbauweise ist ein wichtiges Kriterium, um ganztägigen optimalen Tragekomfort zu garantieren.

Diesen ergonomischen Ansprüchen wird der stufenlos einstellbare Überkopfbügel des GN 2100 voll und ganz gerecht. „Seitdem ich das GN Netcom-Headset verwende, fühle ich mich viel freier. Ich kann völlig entspannt freihändig telefonieren und nebenbei bequem am PC arbeiten oder Ordner durchblättern. Außerdem habe ich auf Grund des kristallklaren Klangs das Gefühl, mein Geprächspartner säße mir gegenüber", berichtet ein Agent aus dem Call Center.

„Optimaler Tragekomfort und eine überlegene Sprachqualität waren die ausschlaggebenden Entscheidungskriterien für das preisleistungstarke GN 2100", resümiert Stefan Göckel. „Schon kurz nach der Einführung des Profi-Headsets sind Verbesserungen in der Akustik und Sprachübertragung deutlich spürbar geworden, und die Zufriedenheit unserer Kunden ist seitdem enorm gestiegen. Wir würden uns in jedem Fall wieder für das erstklassige Headset von GN Netcom entscheiden."

GN Netcom ist einer der weltweit führenden Hersteller schnurloser Kommunikationstechnologie. In enger Zusammenarbeit mit seinen Kunden hat sich GN Netcom zu einem der bedeutendsten Anbieter hochqualitativer Headsets, Mikrofon-Technik und anderer damit verwandter Produkte entwickelt. Das anspruchsvolle Produktportfolio umfasst kabelgebundene Produkte ebenso wie schnurlose Freisprechlösungen der neuesten Generation. Die Produkte von GN Netcom werden weltweit von Spezialdistributoren, Retailern, Versandhäusern, Zubehörfirmen und Fachhändlern unter den Markennamen GN Netcom, JABRA und Liberation vertrieben. GN Netcom liefert auch OEM Produkte für bekannte Markenfirmen. Für weitere Informationen wenden Sie sich bitte an GN Netcom, Telefon 08031-26510 oder besuchen Sie unsere Homepage www.gnnetcom.de.

GN Netcoms GN 2100 im Call-Center-Einsatz bei der Lufthansa GTS (Bild: GN Netcom)

Kontakt:
GN Netcom GmbH
Traberhofstraße 12, 83026 Rosenheim

Mark Richter
Internal Sales Manager
Tel.: +49(0)80 31/2 65 10
Fax: +49(0)80 31/6 98 95
E-Mail: info.de@gnnetcom.com

Diana Nour-El-Din
Marketing Germany
Tel.: +49 (0)80 31/2 65 10
Fax: +49 (0)80 31/2 65 134
E-Mail: info.de@gnnetcom.com

LivingBrands

Mehr als nur Telefonieren

Die LivingBrands GmbH ist ein Tochterunternehmen des Communication Centers Sellbytel – seinerseits eine Tochter des Werbekonzerns BBDO. Das in Nürnberg angesiedelte Unternehmen hat sich darauf spezialisiert, komplette Vertriebssparten von Unternehmen zu analysieren, zu optimieren und eigenverantwortlich zu betreuen.

Und das funktioniert so: Ein Unternehmen beauftragt LivingBrands mit der Betreuung eines genau definierten Vertriebssegments, LivingBrands übernimmt die komplette Verantwortung für diesen Vertriebsbereich und setzt dafür eine eigene Vertriebsmannschaft ein. Dabei geht es nicht darum, bereits bestehende Vertriebsstrukturen zu ersetzen, sondern sie sinnvoll zu ergänzen und somit ungenutzte Potenziale auszuschöpfen. Das Ziel ist es, neue Kundensegmente zu erschließen und zusätzlichen Umsatz zu generieren.

► Marktlücke für Call Center: Zusatznutzen bieten!

Wolfgang Janhsen besetzt mit LivingBrands eine lukrative Nische.

Die Idee zur Gründung von LivingBrands entstand bei Sellbytel. Das Communication Center Sellbytel kümmert sich für zahlreiche Kunden gerade im Business-to-Business-Sektor um die Vertriebsunterstützung per Call Center. Die Call-Center-Agents wecken das Kaufinteresse und informieren die Kunden – die Vor-Ort-Betreuung durch Vertriebsmitarbeiter liegt aber gemeinhin beim Auftraggeber. Ein Umstand, den Sellbytel als lukrative Marktnische erkannt und besetzt hat: Mit der Etablierung von LivingBrands bietet Sellbytel seinen Kunden nun auch Vertriebsdienstleistungen an und deckt damit ein weiteres Serviceglied in der Wertschöpfungskette ab. Der Sellbytel-Kunde hat somit einen Zusatznutzen.

► LivingBrands: Call-Center-Dienstleistungen und Vertriebsunterstützung

Das Team von LivingBrands analysiert zunächst die bestehende Vertriebsstruktur des Auftraggebers und identifiziert mögliche Optimierungsmöglichkeiten. Mit Hilfe moderner Call Center Technologie werden per Telefon systematisch neue Kontakte aufgebaut, die erfahrene Vertriebsmitarbeiter von LivingBrands persönlich weiter betreuen. Der Auftraggeber hat also einen eindeutigen Mehrwert, nämlich professionelle Call-Center-Dienstleistungen und Vertriebsunterstützung. LivingBrands leistet Marktbeobachtung, Auswertung von Vertriebsergebnissen und Kundenbetreuung aus einer Hand.

Meist kümmert sich die „Extended Sales Force“ um Vertriebsbereiche, die zuvor eher stiefmütterlich oder auch gar nicht behandelt wurden. Diese Form des Outsourcing bietet sich vor allem dann an, wenn Vertriebssegmente leicht aus der Gesamtstruktur herausgelöst werden können, oder auch, wenn neue

Zielgruppen, Produkte oder Geschäftsbereiche im Fokus stehen. Häufig kümmern sich die Vertriebsmitarbeiter von Unternehmen vorrangig um Key-Accounts, kleinere und mittelständische Kunden, die nicht so hohe Provisionen bringen, liegen indes brach. LivingBrands kümmert sich um diese - in der Summe umsatzträchtigen -Kundensegmente.

Angesichts dieser Strategie kommt erstens gar nicht erst der Verdacht auf, man wolle die bestehenden Vertriebsstrukturen angreifen (was in den Unternehmen für äußerste Unruhe sorgt). Und zweitens lassen sich auch oft abseits des Kerngeschäfts lukrative Märkte erschließen - dazu aber hat die feste Vertriebsmannschaft eines Unternehmens oft keine Zeit oder es fehlt schlichtweg die Motivation, weil der Akquise-Aufwand verhältnismäßig hoch ist.

▶ Erfolgsfaktoren: Schnelligkeit, Effizienz und Erfolgsorientierung

LivingBrands hat sich Schnelligkeit, Effizienz und Erfolgsorientierung auf die Fahnen geschrieben. Die Schnelligkeit stellen die Nürnberger zum Beispiel bei der Mitarbeiterrekrutierung unter Beweis. Gemeinhin vergeht viel kostbare Zeit, bis ein Unternehmen Mitarbeiter ausgewählt und zu Vertriebsprofis ausgebildet hat. LivingBrands hingegen greift auf bewährte Mitarbeiter von Sellbytel zurück, die sich rund um Call Center, Vertrieb, Outbound und IT bestens auskennen und sich neu orientieren möchten. Ein sehr positiver Nebeneffekt: Den Mitarbeitern werden neue berufliche Perspektiven geboten - statt abzuwandern bleibt das Know-how im Hause. Da das LivingBrands-Konzept langfristig angelegt ist - es geht hier nicht um zeitlich begrenzte Projekte - ergeben sich für die Mitarbeiter völlig neue Chancen, die allerdings mit hohen Herausforderungen verbunden sind. Die offizielle Berufsbezeichnung der Mitarbeiter von LivingBrands lautet nicht Agent, sondern Partner- oder Account-Manager. Die langfristige Perspektive und die enge Zusammenarbeit mit dem Arbeitgeber wirkt sich auch positiv auf LivingBrands als Unternehmen aus - Planungssicherheit ist hier nur einer der Vorteile.

Natürlich werden die Mitarbeiter vor ihrem Einsatz noch speziell für die Anforderungen des jeweiligen Arbeitgebers geschult, danach übernehmen sie den Vertrieb für den Auftraggeber in eigener Verantwortung.

▶ Synergieeffekte nutzen: clever und günstig

LivingBrands legt großen Wert auf den reibungslosen Übergang zum Regelbetrieb des Auftraggebers: In einem Masterplan wird die vorhandene Vertriebsstruktur analysiert und es werden alle Schnittstellen und Ansprechpartner definiert. Damit wird sichergestellt, dass LivingBrands so eigenständig wie möglich arbeiten kann, ohne die Abläufe im Unternehmen zu belasten.

Effizienz ist, so LivingBrands, der zweite Erfolgsfaktor dieses Konzepts. Dabei setzen die Nürnberger unter anderem auf Synergieeffekte. Die LivingBrands-Mitarbeiter generieren zuerst systematisch Kontakte übers Telefon und bedienen sich dabei der modernen Call Center-Technologie von Sellbytel. Die so ermittelten Interessenten werden dann über sämtliche Kommunikationskanäle weiter betreut. Bei Bedarf stehen die LivingBrands-Profis aber nicht nur per Telefon, Extranet oder E-Mail zur Verfügung, sondern sind auch auf Messen oder im Außendienst aktiv.

Synergien und die Spezialisierung auf einzelne Vertriebssegmente sorgen dafür, dass die Vertriebsdienstleistung von LivingBrands für den Auftraggeber kostengünstig ist. Da die „Extended Sales Force" eigenverantwortlich und erfolgsorientiert arbeitet, ist der Auftraggeber von den Kosten her auf der sicheren Seite: LivingBrands wird daran gemessen, wie viele Vertragsabschlüsse erfolgen und wie zufrieden die Kunden mit der Betreuung sind. Die Abrechnung erfolgt entweder nach den realen Aufwendungen oder typisierten Mannkosten zuzüglich einer Erfolgsprämie.

Doppelnutzen für den Auftraggeber: weniger Kosten und mehr Umsatz

Einem großen Kunden aus der Computerbranche hat LivingBrands zum Beispiel jede Menge Kosten erspart und zugleich den Umsatz angekurbelt. Das Unternehmen stand vor dem Problem, kleine und mittlere Vertriebspartner wegen der hohen Außendienstkosten nicht mehr adäquat ansprechen zu können. Der Versuch, diese Kunden über ein Outbound-Call Center zu betreuen scheiterte, da die Fachhändler eine persönliche Ansprache und auch eine flexible Bertreuung durch den Hersteller einforderten. LivingBrands hat ein völlig neu strukturiertes Team von so genannten Partnermanagern aufgebaut. Diese Partnermanager arbeiten nicht - wie üblich - im Außendienst, sondern betreuen die Händler vor allem via Telefon und E-Mail. Ein Ergebnis: Die Kontaktrate steigerte sich von vorher drei bis vier Kontakten pro Tag auf drei bis vier Kontakte pro Stunde!

Im Gegensatz zu herkömmlichen Call Centern wird bei LivingBrands nicht zwischen Inbound und Outbound unterschieden: Jeder Vertriebspartner bekommt einen Partnermanager zugewiesen, den er über seine Durchwahl oder die E-Mail-Adresse erreichen kann. Auf Wunsch werden die Fachhandelspartner auf Messen oder bei Außendienstbesuchen persönlich betreut. Laut LivingBrands hat sich die Zahl der Vertriebspartner durch die Neustrukturierung verfünffacht. Zugleich wurden die Kosten für die Betreuung signifikant gesenkt.

Das Konzept von LivingBrands geht also auf: Die Unternehmen erschließen sich neue Wege zu mehr Umsatz und sparen Kosten, Sellbytel bindet seine Kunden durch den Zusatznutzen und die Mitarbeiter durch neue Perspektiven und last but not least hat LivingBrands eine lukrative Nische besetzt. (vh)

Ganz weit vorn im Service

Das Magazin für professionelles Servicemanagement

CallCenter PROFI

Alles drin

- Call Center Steuerung
- Beschwerdemanagement
- Customer Care
- CRM
- Telemarketing
- Technik
- Recht

Call Center Profi erscheint 6x jährlich
Jahresabonnement: € 48,00

Änderungen vorbehalten. Stand Juli 2003

1 Ausgabe kostenlos unter
Telefon 0611/78 78 129 oder
www.callcenterprofi.de

SNT Deutschland AG

„Was zählt, ist verkaufen!"

Von UWG-Novelle, CRM-Theorien und externen Beratern hält Dr. Stefan M. Knoll, Vorstandsvorsitzender der SNT Deutschland AG, wenig. Er ist ein Mann der klaren Prinzipien, Verfechter von einfachen Konzepten, Befürworter von verantwortlichem Handeln. Lesen Sie, wie Knoll die schnell wachsende SNT Deutschland steuert und wie er den Branchenmarkt einschätzt.

Redaktion: SNT schnellte im Ranking der größten deutschen Call Center von Platz acht im Jahr 2002 auf Platz drei in 2003. Das Jahr 2002 war für SNT Deutschland das bis dato erfolgreichste Jahr seit Bestehen. Die Zahl der Beschäftigten stieg von 800 Mitarbeitern Anfang 2002 auf nun über 2.300. Tendenz steigend. Wie verkraftet ein Unternehmen ein solches Wachstum, ohne dass die Qualität leidet?
Dr. Stefan M. Knoll: Es wäre leichtsinnig gewesen, unser Wachstum im vergangenen Jahr nicht auf eine solide strukturelle Basis zu stellen. Hier haben wir in 2003 ein umfassendes Maßnahmenpaket realisiert, um insbesondere die neuen Standorte Essen, Köln und Potsdam auf den SNT-Standard zu bringen. Zur Qualitätssicherung und Effizienzsteigerung verfügen wir heute an allen Standorten über Einzelplatzauswertungen und Monitoring-Instrumente, über leistungsabhängige Bezahlung, flexible Arbeitszeitmodelle und Jahresarbeitszeitkonten, über Personalentwicklungsprogramme, praktikable Betriebsvereinbarungen und über im gesamten Unternehmen eingeführte Führungsgrundsätze.

Dr. Stefan Knoll, Vorstandsvorsitzender der SNT Deutschland AG: „Nicht nur Führungskräfte müssen wissen, wie sie führen sollen – auch Mitarbeiter sollen wissen, welche Ansprüche sie an eine Führungskultur stellen können, die sich nicht am Zeitgeist orientiert, sondern an festen Maßstäben."

Redaktion: Was sagen die Führungsgrundsätze von SNT aus und wie sorgen Sie für deren Einhaltung?
Dr. Stefan M. Knoll: Nicht nur Führungskräfte müssen wissen, wie sie führen sollen – auch Mitarbeiter sollen wissen, welche Ansprüche sie an eine Führungskultur stellen können, die sich nicht am Zeitgeist orientiert, sondern an festen Maßstäben. Führen ist bei SNT nicht nur eine Frage des Anweisens und Ausführens. So bedeutet etwa Entscheiden, nicht nur eine hierarchische, sondern auch eine intellektuelle und moralische Kompetenz einzusetzen. Die Führungsgrundsätze fordern dazu auf Vertrauen zu schaffen, gegenüber Untergebenen berechenbar zu sein, Anwei-

sungen zusammen mit angemessenen Hintergrundinformationen zu erteilen und damit Verantwortung für das eigene Tun, aber auch das der Mitarbeiter zu übernehmen. Die SNT-Führungsgrundsätze sind als Broschüre im gesamten Unternehmen verteilt worden, begleitet von entsprechenden Veranstaltungen an allen Standorten. Im Übrigen erfolgt das Einhalten durch Vormachen: Der Vorgesetzte hat bei SNT in Haltung und Pflichterfüllung ein Beispiel zu geben.

Redaktion: Wo sehen Sie weitere Wachstumschancen für den Communication-Center-Markt?
Dr. Stefan M. Knoll: Wir sollten vielleicht zunächst auch einmal über die aktuellen Hemmnisse sprechen. Bei der UWG-Novelle stellen wir eine völlig unverständliche Zurückhaltung fest, bei den Agenturen ebenso wie bei den Unternehmen. Dann hat die Branche es mit Kostendruck, Verlagerung von Aufträgen ins Ausland und keiner wirklichen Entlastung bei den Lohnnebenkosten zu tun. All dem kann man nur begegnen, wenn man die Produktivität im Unternehmen steigert.

Redaktion: Heißt das mit anderen Worten: Sie sehen angesichts all dieser Hemmnisse keine Wachstumschancen für den Markt?
Dr. Stefan M. Knoll: Wir sehen Wachstumschancen bei den großen Anbietern. Hier ist in der Regel die Substanz bei Technik und Kapazitäten vorhanden, flexibel auf die großen Ausschreibungen zu reagieren. Kleinere und mittlere Agenturen werden es schwerer haben, große Wachstumsschritte zu machen. Deren Chancen liegen aber durchaus darin, sich regional oder bei bestimmten Spezialisierungen weiter zu konsolidieren. Im Übrigen hätten wir größere Wachstumschancen, wenn die Bundesregierung keine ideologisch motivierten Gesetze wie das UWG vorlegen würde, welches das Aus für viele mittlere und kleine Agenturen bedeutet.

Redaktion: Und wo sehen Sie Potenziale für SNT Deutschland?
Dr. Stefan M. Knoll: Mit der Übernahme der E-Plus-Service Center, aber auch mit unseren Joint Ventures seit 1998 haben wir unter Beweis gestellt, dass wir Customer Service Outsourcing-Prozesse auch in großem Umfang bewältigen können. Man darf das nicht unterschätzen – die Übernahme von Kommunikationseinheiten erfordert hohe Managementkapazitäten und präzise Vorgehensweisen bei der Integration ins Unternehmen. Wir sind hier sehr gut aufgestellt, und wir werden diese Kompetenz für weiteres Wachstum nutzen.

Redaktion: Keine Frage, dass eine solche Integration ein äußerst heikles Unterfangen ist. Wo lauern denn die größten Gefahren und wie begegnet man ihnen am besten?
Dr. Stefan M. Knoll: Eine große Gefahr verbirgt sich hinter dem Wort „Arbeitskreis“. Wenn diese nach einer Übernahme ihre Tätigkeit aufnehmen, geht viel Zeit verloren. Wichtig ist ja, dass sich im Unternehmen keine Zwei-Klassen-Mentalität entwickeln darf. Deshalb müssen Konzepte etwa zur Anpassung der Löhne oder der Arbeitszeiten sowie alle zentralen Steuerungsinstrumente sehr rasch eingeführt werden. Wir bei SNT „führen“ nämlich noch und brauchen für die originären Entscheidungen des Managements keine Berater, einfach deshalb, weil wir von der Sache etwas verstehen.

Redaktion: Angesichts der Wirtschaftsflaute wächst der Kostendruck auf Seiten der Unternehmen kontinuierlich. Die wohl meist gebrauchten Schlagworte in deutschen Marketingabteilungen lauten derzeit Effizienzsteigerung und Verschlankung. Ist dies eher Chance oder Bedrängnis für Communication Center?
Dr. Stefan M. Knoll: Wenn wir bei unseren Auftraggebern die Begriffe Effizienzsteigerung und Verschlankung hören, wissen wir, dass wir zum richtigen Zeitpunkt an der richtigen Stelle sind. Inhouse-Kommunikationseinheiten sind vielfach zu teuer und zu unflexibel.

Redaktion: Wie wichtig ist es für den Erfolg eines Communication-Center-Dienstleisters, Zusatzservices wie etwa Dokumentenmanagement und Lettershop, Credit- und Risk-Management oder Response-Bearbeitung anzubieten?

SNT hält auch Zusatzservices – wie beispielsweise einen Lettershop – bereit.

Dr. Stefan M. Knoll: Sehr wichtig. Durch unsere Kampagnenfähigkeit unterscheiden wir uns von einem reinen Call Center. Wir sind eine komplett aufgestellte externe Kommunikationseinheit.

Redaktion: SNT positioniert sich nicht als Communication Center, sondern laut Ihrer Website als CRM-Anbieter. Warum?
Dr. Stefan M. Knoll: Was zählt, ist verkaufen, und das mit integrierten Konzepten und Fokus auf die Chancen, die im Kundenbestand liegen. Wenn das Customer Relationship Management ist, soll's mir recht sein.

Redaktion: Scheint so, als würden Sie von hochfliegenden Managementtheorien nicht viel halten.
Dr. Stefan M. Knoll: Gute Theorien sind irgendwann mal keine Theorie mehr, und im CRM ist einfach zu vieles Theorie geblieben. Der Begriff ist viel zu komplex vermarktet worden. Da ist bei den Unternehmen der Eindruck entstanden, als müsse alles von heute auf morgen vollständig umgebaut werden. Die Entscheidungsprozesse in den Unternehmen dauern ohnehin lang genug, da muss man mit praktikablen, verständlichen Konzepten auftreten.

Redaktion: SNT Deutschland wird im Jahr 2003 etwa 300 neue Mitarbeiter eingestellt und 50 Ausbildungsplätze geschaffen haben. Wie wichtig sind angesichts von Voice-Computern und automatisierten E-Mails noch die Menschen, also die Agents, für den Erfolg eines Communication Center?
Dr. Stefan M. Knoll: Erstens: Voice-Computer können nicht verkaufen. Und zweitens: Wann haben Sie das letzte Mal bei der automatischen Fahrplanauskunft der Bahn angerufen? Ich bin sicher, das will man nicht viel öfter haben. Die E-Plus-Kunden, die wir zum Beispiel betreuen, schätzen zu Recht den Service von Mensch zu Mensch. Drittens: Ausbildung ist ein zentral wichtiger Punkt, wenn man den Nachwuchs im eigenen Unternehmen generieren, aber auch gesellschaftspolitisch Verantwortung übernehmen will.

Redaktion: Wie schulen Sie Ihre Mitarbeiter?
Dr. Stefan M. Knoll: Training ist von jeher ein Produkt, das wir auch extern verkaufen. Diese Schulungspakete durchlaufen natürlich auch unsere Mitarbeiter. Außerdem schulen wir unsere Mitarbeiter nicht nur, wir fordern und fördern sie auch. Unsere Nachwuchsförderkreise haben regen Zulauf, und die Leute stellen sich der Aufgabe, für eine höhere Position

auch unser Assessment-Center zu durchlaufen. Das zeigt uns, dass unsere Ausbildung auch das Selbstbewusstsein hervorruft, mehr Verantwortung übernehmen zu wollen.

Redaktion: Mit ihrem Hauptkunden E-Plus, der seinen kompletten Kundenservice an SNT Deutschland ausgelagert hat, generieren sie über die Hälfte ihres Umsatzes - ist eine so hohe Abhängigkeit von einem Großkunden nicht ein bisschen gefährlich?
Dr. Stefan M. Knoll: Wir sind, und das betrifft jeden unserer Kunden, alleine von der Qualität abhängig, die wir erbringen. Im jüngsten Handy-Hotlinetest der BILD am Sonntag ist E-Plus und damit SNT der Testsieger.

Redaktion: Die Antwort lautet also: Eine solche Abhängigkeit ist nicht gefährlich?
Dr. Stefan M. Knoll: Wenn ich das, bezogen auf SNT, verneine, dann ist das eine kurze Antwort, die sehr komplexe Hintergründe hat. Im Übrigen sind die besten Konzepte immer noch die einfachsten. CRM bedeutet Kundenkontakte. Kundenkontakte bedeuten Verkäufe und Verkäufe bedeuten Wachstum. Wir wachsen mit dem Erfolg unserer Kunden, aber das sind für uns keine Abhängigkeitsmechanismen im Sinne einer Gefahr.

Redaktion: SNT ist ein internationales Netzwerk. Ist die Internationalität erfolgsentscheidend für SNT Deutschland?
Dr. Stefan M. Knoll: Zunächst einmal nein, weil SNT Deutschland über eine so unabhängige Vertriebsschlagkraft verfügt, dass wir den deutschen Markt auch ohne das Merkmal Internationalität bearbeiten können. Es tun sich aber durch die europäische Aufstellung mehr Chancen auf, denn wir können uns so natürlich an den Ausschreibungen großer, international tätiger Unternehmen beteiligen.

Redaktion: Last but not least: Was würden Sie, Herr Knoll, jemandem raten, der ein Call Center aufbauen will?
Dr. Stefan M. Knoll: Wenn das ein Unternehmen wäre, das eine Inhouse-Lösung anstrebt, würde ich sagen: Lassen Sie uns das für Sie übernehmen, das kostet Sie weniger Geld und Nerven. Wenn jemand eine neue Agentur gründen wollte, würde ich ihm raten, die Finger davon zu lassen. Er kommt nämlich zu spät: Die Preise sind im Keller, und die erforderliche Technik ist nicht gerade billiger geworden. (Das Interview führte Vera Hermes.)

Bei SNT im Mittelpunkt: der Service von Mensch zu Mensch.

i

Das Unternehmen

Anzahl der Mitarbeiter	3.000
Anzahl Arbeitsplätze	2.200
Anzahl der Call Center	14
Standorte in Deutschland	12
Leistungsspektrum	Inbound, Outbound, schriftliche und elektronische Kommunikation, Lettershop, Credit Risk Management, Training

twenty4help

Erfolgreich dank Expansion

Keine Kapazitäten mehr! Das war das Problem, vor dem das Dienstleistungsunternehmen twenty4help Knowledge Service AG mit deutschem Hauptsitz in Dortmund zu Beginn des Jahres 2000 stand. Die Wachstumsmöglichkeiten des Outsourcing-Partners für Technische Hotlines und User-Helpdesks an den bestehenden Standorten waren erschöpft. Für eine Expansion gab's eigentlich nur zwei Möglichkeiten: einen bestehenden Standort zu erweitern oder gleich eine neue Niederlassung zu gründen. twenty4help-Vorstand Uwe Kons entschied sich für die zweite Variante.

Zunächst einmal erscheint es vergleichsweise aufwändiger, einen neuen Standort zu etablieren als einen alten auszubauen. Die Frage, die sich Kons stellte, lautete aber: „Wie erhalten wir qualifiziertes Personal für ein dynamisch wachsendes Unternehmen, das an seinen Standorten die natürlichen Wachstumsgrenzen erreicht hat?" Nun, die Antwort auf diese Frage kann angesichts fehlender personeller Ressourcen eigentlich nur in der Neugründung liegen.

Uwe Kons etablierte für twenty4help erfolgreich einen neuen Standort in Görlitz.

▶ Görlitz – „ein idealer Standort"

Die Wahl für den Aufbau eines neuen Communication Centers fiel nach detaillierten Standortanalysen zu Arbeitsmarktpotenzial, Bildungsniveau und Infrastruktur auf die Stadt Görlitz an der polnischen Grenze. „Qualifizierungswillige und -fähige Menschen, eine wundervolle Stadt mit reizvoller Architektur, eine Hochschule und nicht zuletzt der Standort in der östlichsten Stadt Deutschlands – nur einige der Gründe, die das Unternehmen twenty4help dazu brachten, sich für Görlitz zu entscheiden. Görlitz ist ein idealer Standort, um aus der ersten Reihe heraus neue Märkte in Mittel- und Osteuropa zu erschließen", begründete Uwe Kons seine Wahl. Zudem dürfte der Zuschlag für Görlitz auch aufgrund der sehr guten Zusammenarbeit mit den Wirtschaftsförderungsgesellschaften und Stadtverwaltungen gefallen sein.

▶ Neues Customer-Interaction-Center schafft Zugang zum osteuropäischen Markt

Für diese Entscheidung sprachen aber auch übergeordnete Argumente: zum einen das

Das Unternehmensgebäude Am Postplatz im Zentrum von Görlitz: Rund 550 Mitarbeiter arbeiten ab der zweiten Etage aufwärts für twenty4help.

strategische Ziel des Unternehmens, sich zu einem europäischen Dienstleister zu entwickeln, zum anderen der Service-Bedarf der Kunden, die im Rahmen der avisierten EU-Erweiterung ihrerseits eine Expansion nach Osteuropa auf ihre Agenda gesetzt hatten. Klar, dass sie dafür einen Telemarketingspezialisten benötigen, der in der Lage ist, seine Services in der jeweiligen Landessprache anzubieten. Mit dem Standort Görlitz sicherte sich twenty4help also nicht nur zukünftige Wachstums- und Arbeitsmarktpotenziale, sondern verschaffte sich auch gleich noch einen Zugang zu den osteuropäischen Märkten.

▶ Effizientes Klotzen statt Kleckern

Das erklärte Ziel: So schnell wie möglich sollten bis zu 350 Mitarbeiter vom neuen Görlitzer Customer-Interaction-Center aus die Kunden per Telefon, Fax, E-Mail, SMS und Internet im Umgang mit komplexen Informationstechnologie-Anwendungen unterstützen. Von vorneherein war geplant, dass die Firma in Görlitz auch mit einem Top-Management ausgestattet wird. Effizientes Klotzen statt Kleckern war also angesagt.
Nachdem die Ortswahl gefallen war, galt es, ein passendes Gebäude zu finden. twenty4-help hatte Glück: Statt in einem uncharmanten Neubau im Gewerbegebiet residiert die Görlitzer Niederlassung im altehrwürdigen ehemaligen Viktoriahotel auf dem Postplatz. Das 1864 erbaute Gründerzeithaus bietet auf rund 2.500 Quadratmetern genügend Raum für das High-Tech-Center.

Da liegt auf der Hand, dass die Dortmunder Telemarketer eine Menge Geld in die Hand nehmen mussten, um alle Ansprüche an ein modernes Communication Center zu erfüllen – insgesamt lag das Investitionsvolumen bei über fünf Millionen Euro.

Ein wesentliches Merkmal der Görlitzer Erfolgsstory ist die Rasanz, mit der die neue twenty4help-Niederlassung etabliert wurde.

Die Standortentscheidung fiel innerhalb von vier Wochen, das Gebäude für das Customer-Interaction-Center war binnen zwei Wochen gefunden, der operative Betrieb startete schon sechs Wochen nach Beginn der erforderlichen Umbauarbeiten. Neun Monate nach der Eröffnung betreuten bereits mehr als 300 Mitarbeiter Kunden am Helpdesk. Dass die Qualität trotz dieser Geschwindigkeit nicht ins Hintertreffen geriet, belegt die ISO 9001-Zertifizierung des Helpdesks im November 2000. Und schon wenig später konnte twenty4help die Abwicklung erster osteuropäischer Projekte melden.

Blick in den Serverraum von twenty4help in Görlitz, der höchsten technischen Sicherheitsanforderungen genügt.

▶ Erfolgreiches Konzept: Internationalisierung plus Spezialisierung

twenty4help, eine Tochter der United Internet AG, hat mit seiner Expansionsstrategie – nicht nur nach Görlitz – auf das richtige Pferd gesetzt. Ihren Erfolg verdanken die Communication Center von twenty4help sicherlich auch dem Mix aus Internationalisierung und Spezialisierung. Das 1992 gegründete Unternehmen konzentriert sich auf technischen Support, seine Kunden kommen vor allem aus der Informations- und Telekommunikationstechnologie. Dank der Internationalisierung ist es von den Konjunktureinbrüchen in Deutschland nicht massiv betroffen. twenty4help ist mittlerweile laut eigenen Angaben an den Standorten Dortmund, Görlitz, Linlithgow (Großbritannien), Ljusdal (Schweden), Maastrich (Niederlande), Madrid (Spanien), Mailand (Italien), Newcastle (Großbritannien), Strömstad (Schweden), Zgorzelec (Polen) und Zweibrücken vertreten. Das Unternehmen beschäftigt rund 2.100 Mitarbeiter, die in insgesamt 17 Sprachen auf monatlich durchschnittlich 1,2 Millionen Fragen antworten. (Stand: Oktober 2003)

Noch im Herbst 2003 kündigte twenty4help eine weitere Expansion in Osteuropa an. (vh)

www.salesbusiness.de - Alles rund um Vertrieb und Marketing

- ➔ **CRM-Datenbank**
- ➔ **kostenloser E-Mail-Newsletter**
- ➔ **Trainerdatenbank**
- ➔ **Job-Börse und Chat-Forum**
- ➔ **Servicepools, Termine, Buchtipp und, und, und**

Schnell klicken: www.salesbusiness.de

Walter TeleMedien

Qualität wird honoriert!

Dr. Ralf Kogeler ist zum 1. September 2003 als Geschäftsführer in die Ettlinger Walter TeleMedien Holding eingetreten. Zum 1. Januar 2004 hat er als Vorsitzender der Geschäftsleitung die Nachfolge von Jürgen Lankers angetreten. Im Folgenden präsentiert Dr. Ralf Kogeler seine Sicht von der Branche im Allgemeinen und den Erfolgsfaktoren von Walter Telemedien im Besonderen.

Redaktion: Erfolge verzeichnen trotz Konjunkturflaute, Preis- und Kostendruck. Wie geht das?

Dr. Ralf Kogeler: Call- und Communication Center-Dienstleister müssen sich gerade in wirtschaftlichen Krisenzeiten von anderen Dienstleistern abheben und innovative Strategien entwickeln und verfolgen.

Das bedeutet für uns eine Veränderung und weitreichende Ergänzung unserer Dienstleistungen, verbunden mit einem Paradigmenwechsel von der Beratung bis zur Dienstleistungsrealisierung. Wir sind und müssen für die Zukunft ein Outsourcing-Partner sein, dem man Projekte bis in die größten Dimensionen anvertrauen kann. Für die Walter TeleMedien-Gruppe ist dies vor allem die Positionierung als Customer-Process-Partner, der über Call- und Communication-Dienstleistungen hinaus als Partner für nahezu alle Prozesse der Kundenwertschöpfungskette fungiert.

Dr. Ralf Kogeler, Vorsitzender der Geschäftsführung der Walter TeleMedien Holding: „Die Bildung strategischer Allianzen sowie das internationale Wachstum stehen im Fokus unserer Strategie."

Redaktion: Wo sehen Sie weitere Wachstumschancen für den Communication Center-Markt im Allgemeinen?

Dr. Ralf Kogeler: Im Rahmen von CRM-Strategien entstehen höhere und komplexere Dienstleistungsanforderungen. Der Wandel im Inbound vom 1st zum 2nd Level ist nicht nur ein Trend, sondern Tagesarbeit und der stetig steigende Bedarf im Outbound resultiert aus den Anforderungen des CRM. Damit werden Dienstleistungsangebote zunehmend geprägt von Kundenbindung und Kundenrückgewinnung sowie Sales Services und Beratungsfunktionen.

Redaktion: ... und für Walter TeleMedien im Besonderen?

Dr. Ralf Kogeler: Die Bildung strategischer Allianzen sowie das internationale Wachstum stehen im Fokus unserer Strategie.

Nach Kooperationen mit der Media Plan GmbH und der Deutschen Telekom AG erweiterte die Walter TeleMedien-Gruppe ihr Dienstleistungsportfolio um ein weiteres Glied der Kundenwertschöpfungskette, dem Forderungsmanagement. In Kooperation mit der EOS-Gruppe in Hamburg bieten wir umfassendere Kundenbindungsmöglichkeiten und verstärkte Cross-Selling-Effekte.

Die Integration der Master Management aus Wien läuft seit Januar 2002 und ist erfolgreich. Unsere jüngste Tochter, die Walter PhoneCare in Baar, ist zu Beginn des Jahres 2003 gegründet worden und entwickelt sich mit innovativen Dienstleistungen nach unserer Maxime. In erster Linie sind für uns

Walter stellt gezielt Mitarbeiter ein, die neben kommunikativen Qualitäten auch über eine Berufsausbildung verfügen, die zum betreffenden Aufgabengebiet passt.

Deutschland, Österreich und die Schweiz die wichtigsten Märkte. Expansionen in weitere Nachbarländer sind kurzfristig nicht unser Ziel.

Redaktion: Mehr und mehr Inhouse-Call-Center öffnen sich dem Markt und agieren als Dienstleister. Stellen sie eine ernst zu nehmende Konkurrenz für die unabhängigen Communication Center dar?
Dr. Ralf Kogeler: Wir sind in einer Phase der Konsolidierung, sowohl bei den Dienstleistern als auch bei internen Call Centern. Da gibt es eigentlich nur zwei Lösungen: Entweder wir übernehmen deren Aufgaben oder die Inhouse Center gehen an den Markt.
Ein gutes Beispiel sind die freien Kapazitäten der Finanzdienstleister, die sich den Weg in die Wirtschaft suchen. Doch viele unterschätzen ihr Dienstleistungsangebot, das in der Regel auf ein sehr enges Branchensegment begrenzt ist. Es ist nicht selten, dass Konzerne auf dem Weg in die Call-Center-Dienstleistung gescheitert sind. Es fehlt die intelligente Nutzung von Wissen und der effiziente Einsatz von Infrastrukturen, die bei der Arbeit für Dritte einfach benötigt wird.

Redaktion: Walter TeleMedien hat sich vor allem die Qualität als Credo und Erfolgsfaktor auf die Fahnen geschrieben. Was tun Sie, um diese Qualität zu sichern?
Dr. Ralf Kogeler: Die Walter TeleMedien-Gruppe ist ein Agenturverbund. Die acht Agenturen haben sich auf verschiedene Branchen spezialisiert. Dies hat den Vorteil, dass die Mitarbeiter, vom Agent bis hin zum Manager, über fundierte Fachkenntnisse verfügen. Schon bei der Einstellung gilt dies als wichtiges Aufnahmekriterium. Wir stellen gezielt Bewerber ein, die neben kommunikativen Qualitäten auch über eine Berufsausbildung verfügen, die zum betreffenden Aufgabengebiet passt. Diese Fähigkeiten werden durch eine fundierte Ausbildung vertieft und weiter in der hauseigenen Walter Akademie ausgebaut. Die 1994 gegründete „Walter Akademie" gilt mit ihrer Grundsatz- und Fachschulung der Call-Center-Agents als richtungweisend in der Branche.

Seit 1998 werden Mitarbeiter ausschließlich in Festanstellung beschäftigt. Nur mit gut geschulten Mitarbeitern, modernen Arbeitsplätzen und effizienter Software erzielen wir Qualität und Wachstum. Wissen und Technologie sind für die Gruppe zum entscheidenden Wettbewerbsvorteil geworden. Und: Qualität wird honoriert. Die Walter TeleMedien-Gruppe investiert seit Jahren konsequent zweistellige Millionenbeträge sowohl in den Wissensstand der Mitarbeiter als auch in neueste Technologien.

Redaktion: Sie investieren viel Geld in die Schulung der Mitarbeiter. Was tun Sie, um die Mitarbeiter an Ihr Unternehmen zu binden?
Dr. Ralf Kogeler: Die Leistungsfähigkeit unserer Mitarbeiter beeinflusst in starkem Maße den Unternehmenserfolg. Gesunde Mitarbeiter bestimmen daher den Erfolg unseres Unternehmens. Die Zufriedenheit unserer Arbeitnehmer kann sich direkt und indirekt auf die Gesundheit auswirken und so das körperliche und seelische Wohlbefinden am Arbeitsplatz und im Privatleben beeinflussen. Aus diesem Grund ist es besonders wichtig, dass sich die Arbeitsbedingungen positiv auf die Gesundheit unserer Mitarbeiter auswirken. Gesundheitsförderung im Unternehmen wird deshalb als Managementaufgabe verstanden.
Mit der Vereinbarung zur betrieblichen Gesundheitsförderung haben Dr. Georg Stierle, Geschäftsführer der Walter TeleMedien Holding, und Günter Kasten, Vorstandsvorsitzender der AOK Sachsen-Anhalt, im Sommer 2003 einen Vertrag unterzeichnet, der in Kooperation mit der AOK Sachsen-Anhalt das ganzheitliche Gesundheitsmanagement für die Walter TeleMedien Gruppe umsetzt. Von den verbesserten Bedingungen am Arbeitsplatz können damit alle der momentan 1.760 Beschäftigten in der Zweigniederlassung Magdeburg profitieren.

Einfluss auf die Gesundheit der Beschäftigten haben sowohl Arbeitsorganisation, die Gestaltung des Arbeitsplatzes, der Führungsstil, das Betriebsklima als auch die Vermittlung und Förderung gesundheitsgerechten Verhaltens. Die Maßnahmen der betrieblichen Gesundheitsförderung mit dem Ziel, die Zahl der krankheitsbedingten Fehltage zu senken, das Betriebsklima zu verbessern oder die Motivation der Beschäftigten zu steigern, knüpfen an die jeweiligen Unternehmensziele an und tragen langfristig zur Erhöhung von Wirtschaftlichkeit, Effektivität und Wettbewerbsfähigkeit bei.

Zum 1. Januar 2004 tritt der erste Rahmentarifvertrag in Deutschland für die Dienstleistungsbranche bei der Walter TeleMedien Holding in Ettlingen in Kraft. Auf der Suche nach Instrumenten, die dem Unternehmen mehr Transparenz und den Mitarbeitern einfache Arbeitszeitmodelle bieten, schafft der Tarifvertrag ein hohes Maß an Sicherheit für alle Beteiligten.

Gemeinsam mit dem 13. Fachbereich der Dienstleistungsgewerkschaft ver.di hat die Geschäftsleitung der Ettlinger Unternehmensgruppe ein Signal gesetzt: Im Mittelpunkt des Unternehmenserfolges steht der Mitarbeiter:

- Die künftige individuelle Jahresarbeitszeit wird auf Basis der tatsächlichen Arbeitszeit vom 01.07.2002 bis 30.06.2003 festgestellt und arbeitsvertraglich vereinbart.
- Auf Basis dieser individuellen Jahresarbeitszeit wird ein monatlich gleichbleibendes Grundgehalt bezahlt.
- Schwankungen der individuellen Arbeitszeit werden in einem Jahresarbeitszeitkonto erfasst und haben so keine unmittelbaren Auswirkungen auf das monatliche Einkommen mehr.

Redaktion: Neben hohen Investitionen in die Mitarbeiter bilden Investitionen in die Technik einen enormen Kostenblock. Die Summer belief sich in Ihrem Hause allein im Jahr 2002 auf 2,5 Millionen Euro. Ist die moderne Communication-Center-Technik ein Fass ohne Boden?
Dr. Ralf Kogeler: Nein, denn neue Technologien, die mit den aktuellen Entwicklungen Stand halten, sind unerlässlich für einen

Dienstleister und erfordern jährlich erhebliche Investitionen. Ein hoher Integrationsgrad von Telekommunikation und IT bietet die Basis für das Multichannel-Management, mit dem wir dem Markt als Prozessdienstleister begegnen.

Redaktion: Die Multichannel-Strategie, also der Dialog mit den Kunden über sämtliche Kommunikationskanäle, ist bei den Marketern in aller Munde. Ist das Multichannel-Angebot für die Communication Center von heute ein unverzichtbarer Erfolgsfaktor?
Dr. Ralf Kogeler: Ja, denn Unternehmen aller Branchen können sich nur im Wettbewerb behaupten, wenn sie sich den wachsenden Kundenbedürfnissen stellen. Hierzu zählt unter anderem die Erreichbarkeit rund um die Uhr, an 365 Tagen im Jahr über alle Medien. Doch nicht nur die Erreichbarkeit spielt eine große Rolle, sondern auch der Umgang des Unternehmens mit der Kundenkorrespondenz: einheitliche Erfassung und CRM-relevante Weiterverarbeitung der Kontakte, Nutzung zur Markforschung bzw. zur Entwicklung neuer Produkte und Dienstleistungen. Diese Faktoren sind die Basis für eine medienbruchfreie Kundenkommunikation und daher eine unerlässliche Grundlage für das Outsourcing der gesamten Kundenwertschöpfungskette an einen Dienstleister.

Redaktion: Last but not least: Was würden Sie jemandem raten, der ein Call Center aufbauen will?
Dr. Ralf Kogeler: Kein Call Center aufzubauen. Denn es gibt den geeigneten Outsourcing-Partner. Die Walter TeleMedien-Gruppe zum Beispiel. (Das Interview führte Vera Hermes.)

i

Das Unternehmen

Anzahl der Mitarbeiter	3.750
Anzahl Arbeitsplätze	2.540
Anzahl der Call Center	30
Standorte in Deutschland	10
Leistungsspektrum	Business Process Outsourcing, Multimediale Communication Center-Dienstleistungen, Inbound/Outbound, DRTV, Fulfillment, Warehousing

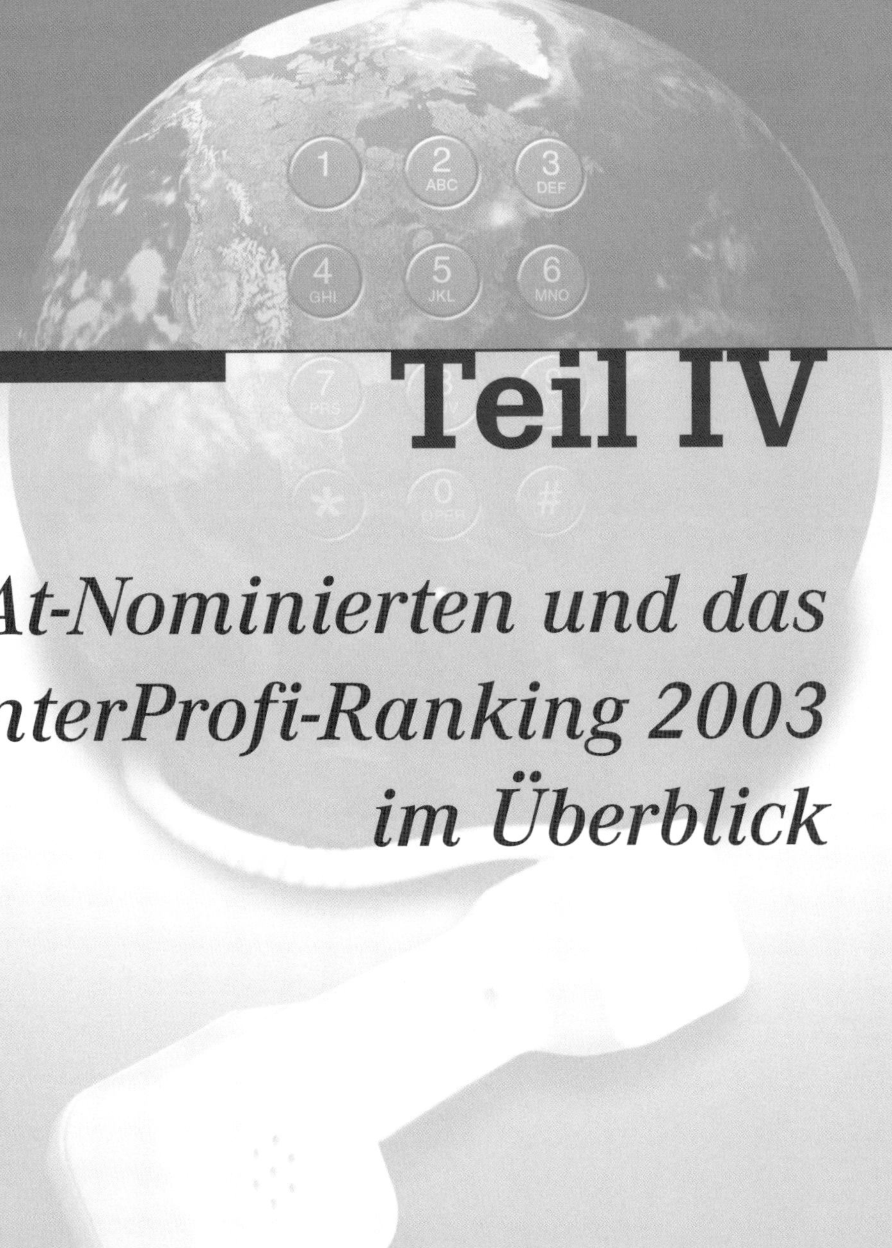

Teil IV

Die CAt-Nominierten und das CallCenterProfi-Ranking 2003 im Überblick

Die CAt-Nominierten im Überblick

2000	adm GmbH (D)	Jochem Steinle	
	b.a.s. telemedien GmbH (D)	Thomas Zacharias	
	BNS Zürich (CH)	Stefan Buess	
	COMM4 GmbH (D)	Nicolai Beiswanger	
	Deutsche Telekom AG	Ludwig Stich	
	Dialog GmbH (D)	Anke Adolph	
	DiAX Zürich (CH)	Madelaine Leuenberger	Gewinner Schweiz
	Entrium Direct Bankers AG	Ingrid Vollweiter	
	GE CompuNet (D)	Jörg Wolter	
	Info Haus (D)	Aenn-Renée Pelz	
	Internet AG (D)	Martin Gebert	
	Jost Telemarketing (D)	Anne Jost	
	max.mobil Telekommunikation Service GmbH (A)	Herbert Schandl	Gewinner Österreich
	Medialine Interactive Solutions AG (CH)	Giacomo Rusconi	
	Nintendo of Europe GmbH (D)	Michael Friesl	
	Österreichische Postsparkasse (A)	Andreas Reinthaler	
	Quelle Bausparkasse (D)	Jörg Hofmann	
	Reiff Call Factory GmbH (D)	Ralf Augspurger	
	Telegate AG (D)	Doris Schultz	Gewinner Deutschland
	TelemarketingService GmbH	Klaus Kern	
	Zürich Kosmos (A)	Annette Weissbach	
2001	Camelot AG (D)	Jörg Binnemann	
	Competence Call Center AG (A)	Carita Vallinkoski	Gewinner Österreich
	E-Plus (D)	Sandra Ettel	
	Helpbycom (D)	Markus Schwarz	Gewinner Deutschland
	Medialine Interactive Solutions (CH)	Romolo Vicari	
	Mobility CarSharing (CH)	Beat Stettler	Gewinner Schweiz
	MZ Dialog (D)	Ewa Redel	
	Tekomedia (D)	Hannes Oberlindober	
	The BEE company (CH)	Herbert Bögner	
	Vienna Call (A)	Oliver Jonke	
	Zürich Kosmos Versicherungen AG (A)	Annette Weissbach	

2002	Call Now Telekommunikationsservice GmbH (A)	Thomas Zimmermann	
	Compaq Computer (D)	Thomas Brussock	
	Datev e. G. (D)	Eckhard Schwarzer	
	Dunlop GmbH (D)	Norbert Hecking	
	One Connect Austria GmbH (A)	Patrick Bayer	
	Philips Fax Wien (A)	Clemens Schuler	Gewinner Österreich
	Swisscom fixnet (CH)	Joe Müller	
	Tecbytel GmbH (D)	Michael Kübel	Gewinner Deutschland
	The BEE company (CH)	Herbert Bögner	
	Twenty4help Knowledge Service AG (D)	Uwe Kons	
	ZKB BusinessLine (CH)	Gert Guhl	Gewinner Schweiz
2003	Call Duisburg (D)	Norbert Brandstädter	Gewinner Deutschland
	Competence Call Center AG (A)	Carita Vallinkoski	
	Customer care solutions – Call Center Betriebs AG (A)	Marcus Duschek	
	Cyberline AG, the BEE company (CH)	Marcus Meloni	
	DDS Dresdner Direktservice (D)	Joachim Reps	
	Die Schweizerische Post, Swiss Post International (CH)	Marina Grun	Gewinner Schweiz
	Hewlett Packard GmbH – Compaq (D)	Manfred Leyendecker	
	LivingBrands GmbH (D)	Wolfgang C. Janhsen	
	Österreichische Postbus AG (A)	Robert Sluka	Gewinner Österreich
	T-Mobile Deutschland GmbH (D)	Meinolf Brauer	

Das CallCenterProfi-Ranking 2003 *(nach Netto-Roheinkommen in 2002)*

	Telemarketing-Agentur	Netto-Roheinkommen 2002 in Euro	Position im vorigen Ranking
01	Arvato direct services (Deutschland)	313.451.411	NEU
	QVC Deutschland GmbH*	289.000.000	Platz 1
02	Walter TeleMedien-Gruppe	89.000.000	Platz 2
03	SNT Deutschland AG	82.500.000	Platz 8
04	Twenty4help Knowledge Service AG	69.200.000	NEU
05	Transcom Wolrdwide	50.986.000	NEU
06	Sinius Gmbh – Customer Interaction Center	50.215.110	Platz 6
07	d+s online AG	43.300.000	Platz 3
08	buw Unternehmensgruppe	30.060.000	Platz 7
09	Bosch Communication Center	28.840.000	Platz 12
10	Sitel GmbH	28.282.680	NEU
11	Defacto Unternehmensgruppe	25.000.000	Platz 14 (nur CC)
12	DDS Dresdner Direktservice GmbH	23.193.059	Platz 7, damals Inhouse
13	Fonetix Call Center GmbH & Co KG	19.340.000	NEU
14	G.K.K. Dialog Group GmbH	16.434.000	Platz 10
15	Bi-Log AG	12.213.000	Platz 11
16	Cologne call center GmbH	8.100.000	Platz 17
17	Communication Center Nürnberg GmbH	7.400.000	Platz 15
18	Direct Line Marketing GmbH	6.200.000	Platz 13
19	@Friends GmbH & Co KG	6.150.000	Platz 16
20	Call center augsburg	4.521.463	NEU
21	All by phone + net GmbH	4.500.000	NEU
22	Viafon GmbH	4.250.000	Platz 19
23	T+M Gesellschaft für Telefonmarketing mbH	3.300.000	Platz 22
24	GHP Communications GmbH	3.035.237	NEU
25	Xtend Services GmbH	3.000.000	Platz 24
26	MediaServiceCenter RM GmbH & Co. KG	2.733.974	Platz 23
27	Bkd Beratungs-, Kommunikations- und Direktmarketing Gesellschaft mbH	2.390.813	Platz 25

* Inhouse Call Center

Quelle: Call Center Profi 2003